W0236663

MIT
ARBEITS HILFEN
ONLINE

Exklusiv für Buchkäufer!

Zum Download:

- Gesetze
- Rechner
- Checklisten und Übersichten

Und so geht's:

- unter www.haufe.de/arbeitshilfen den Buchcode eingeben
- QR-Code mit Ihrem Smartphone oder Tablet scannen

Buchcode: **84B-M7U4**

www.haufe.de/arbeitshilfen

Bibliografische Information Der Deutschen Nationalbibliothek
Die Deutsche Nationalbibliothek verzeichnet diese Publikation in der Deutschen
Nationalbibliografie; detaillierte bibliografische Daten sind im Internet über
http://dnb.dnb.de abrufbar.

Print: ISBN 978-3-648-05758-2   Bestell-Nr. 11004-0001
EPUB: ISBN 978-3-648-05764-3   Bestell-Nr. 11004-0100
EPDF: ISBN 978-3-648-05765-0   Bestell-Nr. 11004-0150

Franziska Lochmann, Gerhard Lochmann
Praxiswissen Forderungseinzug und Inkasso
1. Auflage 2015

© 2015, Haufe-Lexware GmbH & Co. KG, Freiburg
www.haufe.de
info@haufe.de
Produktmanagement: Dipl.-Kffr. Kathrin Menzel-Salpietro

Redaktion und Desktop-Publishing: Helmut Haunreiter, 84533 Marktl
Umschlag: RED GmbH, 82152 Krailling
Druck: Schätzl Druck, 86604 Donauwörth

Praxiswissen Forderungseinzug und Inkasso

Außenstände einziehen – Schuldnertricks abwehren

von

Franziska Lochmann

und

Rechtsanwalt Gerhard Lochmann

Haufe Gruppe
Freiburg · München

Inhaltsverzeichnis

Vorwort		**9**
1	**Der Gläubiger mit Rechtskenntnissen setzt sich durch**	**11**
1.1	Vor jeder Mahnung: Prüfen Sie die Rechtslage!	11
1.2	Wann kommt der Schuldner in Verzug?	11
1.3	Neu 2014: Gesetz zur Bekämpfung von Zahlungsverzug im Geschäftsverkehr	16
1.4	Vereinbarte Zahlungskonditionen gehen vor	18
1.5	Verzug trotz Reklamation?	20
1.6	Verzug bei Zahlungsverweigerung	21
1.7	Checkliste für Mahnungen	21
1.8	Dem Kunden beweisen, dass er die Rechnung bekommen hat	22
1.9	Aus Verzug wird Schadenersatz	24
2	**Prüffähige Rechnungen versenden**	**29**
2.1	Das gehört in eine prüffähige Rechnung	29
2.2	Stilfragen	33
2.3	Musterrechnungen	34
3	**Mit Schuldnern umgehen**	**37**
3.1	Erwartungshorizont des Gläubigers	38
3.2	Erwartungshorizont des Schuldners	38
3.3	So sehen Gläubiger ihre Schuldner	39
3.4	So sehen sich Schuldner selbst	40
3.5	So sehen Schuldner ihre Gläubiger	43
3.6	Checkliste für Schuldner	43
3.7	Die letzten 100 Tage einer GmbH	45
4	**Inkasso, ein abteilungsübergreifender Prozess**	**47**
4.1	Bonitätsprüfungen bei Neukunden	48
4.2	Monitoring bei A-Kunden	49
4.3	Rechercheaufgaben des Vertriebs	50
4.4	Informationsaustausch in Mahnkonferenzen	51

4.5	Checkliste: Inkassozusammenarbeit im Unternehmen	53
4.6	In Bildern: Drei Modelle der Zusammenarbeit Inkasso-Vertrieb	56

5	**Ab wann mahnen?**	**59**

6	**Mahnabläufe organisieren**	**65**
6.1	Wie viele Mahnungen sind notwendig?	66
6.2	Den richtigen Mahnmix einführen	67
6.3	Regelmäßig mahnen!	69
6.4	Messen Sie es oder vergessen Sie es	69
6.5	So sieht es in der Praxis aus	72

7	**Ausredendatei**	**75**
7.1	Liste typischer Ausreden von Schuldnern	75
7.2	Eine Ausredendatei anlegen	86

8	**Liste der Mahnargumente**	**91**

9	**Mahnen, ohne Kunden zu verlieren**	**101**

10	**Schriftlich mahnen**	**105**
10.1	Weg vom juristischen Stil	105
10.2	Von der Anschrift bis zum PS: Die Formalien	108
10.3	Der Betreff trifft	110
10.4	Mahnen mit neuem Stil	113
10.5	Ein ausgefallenes Layout kann überzeugen	128
10.6	Richtig verpacken	137
10.7	Individueller Brief oder Standardmahnschreiben?	138
10.8	Eskalation über drei Mahnstufen	142
10.9	Andere Mahnwege: Auch per E-Mail	150
10.10	Mahnen per SMS	151

11	**Das Telefon, der neue Star beim Mahnen**	**155**
11.1	Telefonisch statt schriftlich mahnen – das sind die Vorteile	155
11.2	Inbound/Outbound	160
11.3	Die Scheu davor, Mahntelefonate zu führen	162
11.4	Einen Telefonarbeitsplatz einrichten	165

11.5	Mahntelefonate vorbereiten	168
11.6	Der rote Faden – wie ein Mahntelefonat ablaufen sollte	177
11.7	Stimme macht Stimmung	196
11.8	Mit Fragen den Schuldner öffnen	199
11.9	Aggressionen und Konfrontation – so lernen Sie, damit umzugehen	213
11.10	Teilzahlungen	233
11.11	Telefonvollstreckung	233

12 Abgabe ins gerichtliche Inkasso   **233**

13 Auslandinkasso   **233**

Stichwortverzeichnis   **253**

Vorwort

Alle reden über die verfallende Zahlungsmoral und beklagen die Zunahme nicht bezahlter Rechnungen.

Mit vielen Statistiken wird bewiesen, dass der wirtschaftliche Schaden enorm, die Moral im Schwinden und die staatlichen Vollstreckungsorgane überlastet sind. Schaut man hinter die Kulissen und weiß aus eigener Erfahrung, wie der Hase läuft, ist man gar nicht so überrascht. Die Menschen wie die Unternehmen verhalten sich wie zu allen Zeiten: einfach clever. Wer sparen kann, tut es. Geiz hat sich zu allen Zeiten, zumindest im ersten Moment, ausgezahlt.

Wer den gnadenlosen Preiswettbewerb befürwortet und den mündigen Verbraucher fordert, fördert am anderen Ende den cleveren Schuldner. Wer als Verbraucher fortlaufend Preise, Vertragskonditionen und Kleingedrucktes kritisch hinterfragen muss, probiert auch einmal das Liegenlassen einer Rechnung aus. Kommt dann noch Ärger hinzu, weil irgendwo bei der Leistung etwas nicht gestimmt hat, fühlt sich der Schuldner zur Zahlungsverweigerung geradezu herausgefordert. Dann macht er die Erfahrung, dass sein Gläubiger desinteressiert zu sein scheint, schlecht organisiert und vor allem nicht hinterher ist. So entdeckt der kritische Verbraucher eine neue Möglichkeit zum Sparen und nutzt sie.

Bei klarer Rechtslage kann der Schuldner nur so nachlässig sein, wie es der Gläubiger zulässt. Aber darüber gibt es keine Statistiken, nur die praktische Erfahrung. Viele Gläubiger wissen nur so ungefähr, was sie dürfen, deshalb trauen sie sich nicht und schieben das Mahnen auf die lange Bank. Gerne wird dann das Argument von der Rücksichtnahme auf die Geschäftsbeziehung und einem möglichen Verlust künftiger Aufträge vorgeschoben. Irgendwann geht man das unangenehme Problem dann doch an und will, getrieben vom Ärger, in kurzer Zeit das Versäumte nachholen.

Erst jetzt beginnt das individuelle Katz-und-Maus-Spiel zwischen dem Gläubiger und dem Schuldner.

Wir wollen Ihnen dabei helfen, ein solches Katz-und Maus-Spiel zu vermeiden, und Ihnen zeigen, wie Sie einen souveränen, zielführenden Umgang mit Ihren

Schuldnern pflegen können. Wir schöpfen dabei aus den Erfahrungen, die wir durch jahrelange anwaltliche Inkassoarbeit und Unternehmensberatungen zum Mahndesign gewonnen haben. Am meisten erweitert hat unseren Horizont das Inhouse-Training von Inkassosachbearbeitern und in diesem Zusammenhang insbesondere das Training zum telefonischen Mahnen. All diese Erfahrungen werden wir Ihnen, liebe Leser, zugute kommen lassen.

1 Der Gläubiger mit Rechtskenntnissen setzt sich durch

Gläubiger mit juristischen Kenntnissen sind gefährlicher als solche, die sich nicht auskennen. Das weiß jeder Schuldner und er richtet sich danach. Zeigen Sie also juristische Kenntnisse.

Zum 9. Juli 2014 hat sich in Deutschland die Rechtslage geändert. Der Stand des Buchs entspricht dieser aktuellen Rechtslage. Darüber hinaus haben wir den gesetzlichen Änderungen ein spezielles Kapitel gewidmet: Worum es bei den neuen Regelungen im Detail geht und welche Auswirkungen sie auf die Geschäftspraxis haben, erfahren Sie in Kapitel 1.3.

1.1 Vor jeder Mahnung: Prüfen Sie die Rechtslage!

Wer gemahnt wird, ärgert sich darüber und soll es auch. Wehe aber dem, der mahnt und nicht im Recht ist. Unberechtigte Mahnungen sind wie ein Bumerang. Deshalb: Prüfen Sie vor jeder Mahnung, egal ob schriftlich oder mündlich, Ihre Mahnberechtigung. Nur wenn Sie felsenfest davon überzeugt sind, dass Sie im Recht sind, finden Sie die Formulierung, die sitzt. Umgekehrt: Jede Unsicherheit führt zur Vorsicht und Vorsicht provoziert zuerst Einwendungen und dann gar eine offensive Abwehr des Schuldners.

> **Tipp:**
> Nur wer die Rechtslage kennt, fühlt sich sicher genug und kann mit Überzeugung mahnen.

1.2 Wann kommt der Schuldner in Verzug?

Bezahlt der Schuldner nicht rechtzeitig, kommt er, wie das Gesetz es nennt, „in Verzug". Verzug heißt nichts anderes als „zu spät". Die Folgen sind aber gravierend: Wer in die Verzugsfalle gerät, ist schadenersatzpflichtig. Der Schuldner hat also dem Gläubiger den bei diesem entstehenden Schaden zu ersetzen.

Der Schaden des Gläubigers besteht regelmäßig darin, dass er während der Verzugszeit mit dem ihm vorenthaltenen Geld nicht arbeiten kann. Der Schuldner hat ihm daher Zinsen zu bezahlen.

Darüber hinaus verpflichtet das Gesetz den Schuldner auch, weitere Schäden zu ersetzen, die durch den Verzug entstehen. Dies sind alle Aufwendungen, die dadurch entstehen, dass der Gläubiger sich zur Wehr setzt und versucht, den Verzug zu beenden, also die alsbaldige Zahlung durchzusetzen. Deshalb sind auch die Kosten des Anwaltes zu ersetzen, der die Forderungsdurchsetzung übernimmt oder die Kosten eines Inkassounternehmens. Ferner muss der Schuldner auch die Kosten eines späteren Gerichtsverfahrens und danach die Kosten für die Durchsetzung des Urteils, also die Zwangsvollstreckung, ersetzen.

Es gibt zwei Verzugsfallen für den Schuldner:

- Einmal die gesetzlichen Regeln darüber, wann Verzug ohne weiteres Zutun des Gläubigers entsteht,

- zum anderen die gesetzlichen Regeln über die Mahnung, also einer aktiven Inverzugsetzung des Schuldners durch den Gläubiger.

Gesetzestexte sind Mahnargumente. Zeigen Sie sich informiert. Deshalb die gesetzliche Grundlage im Wortlaut:

Gesetzliche Grundlagen

§ 286 BGB (Fassung seit 27.07.2014)
Verzug des Schuldners

(1)   Leistet der Schuldner auf eine Mahnung des Gläubigers nicht, die nach dem Eintritt der Fälligkeit erfolgt, so kommt er durch die Mahnung in Verzug.
Der Mahnung stehen die Erhebung der Klage auf die Leistung sowie die Zustellung eines Mahnbescheids im Mahnverfahren gleich.

(2)   Der Mahnung bedarf es nicht, wenn

1. für die Leistung eine Zeit nach dem Kalender bestimmt ist,

2. der Leistung ein Ereignis vorauszugehen hat und eine angemessene Zeit für die Leistung in der Weise bestimmt ist, dass sie sich von dem Ereignis an nach dem Kalender berechnen lässt,

3. der Schuldner die Leistung ernsthaft und endgültig verweigert,

4. aus besonderen Gründen unter Abwägung der beiderseitigen Interessen der sofortige Eintritt des Verzugs gerechtfertigt ist.

> (3) Der Schuldner einer Entgeltforderung kommt spätestens in Verzug, wenn er nicht innerhalb von 30 Tagen nach Fälligkeit und Zugang einer Rechnung oder gleichwertigen Zahlungsaufstellung leistet; dies gilt gegenüber einem Schuldner, der Verbraucher ist, nur, wenn auf diese Folgen in der Rechnung oder Zahlungsaufstellung besonders hingewiesen worden ist. Wenn der Zeitpunkt des Zugangs der Rechnung oder Zahlungsaufstellung unsicher ist, kommt der Schuldner, der nicht Verbraucher ist, spätestens 30 Tage nach Fälligkeit und Empfang der Gegenleistung in Verzug.
> (4) Der Schuldner kommt nicht in Verzug, solange die Leistung infolge eines Umstands unterbleibt, den er nicht zu vertreten hat.
> (5) ... (nicht relevant)

Die häufigste Verzugsfalle, in die Schuldner geraten, ist die in § 286 Abs. 3 BGB (s. oben) geregelte gesetzliche 30-Tages-Frist. Das Gesetz geht dabei aber davon aus, dass Schuldner, die keine Profis sind, also Verbraucher, diese Gefahr nicht unbedingt erkennen. Der Gläubiger muss deshalb in der Rechnung darauf hinweisen, sonst läuft die 30-Tages-Frist nicht an. Mehr über diesen notwendigen Hinweis erfahren Sie im nächsten Kapitel, in dem es um die ordnungsgemäße Rechnungserstellung geht.

Achtung: Verbraucherschutz

Über die gesetzliche 30-Tages-Frist kommt ein Verbraucher nur dann in Verzug, wenn auf die 30-Tages-Frist in der Rechnung hingewiesen wird.

Die andere Verzugsfalle für den Schuldner schafft der Gläubiger durch aktives Handeln selbst, indem er mahnt. Eine **Mahnung** liegt vor, wenn dem Schuldner klargemacht wird, dass es jetzt ernst wird. Dazu reicht aus, dass Sie das Wort „Mahnung" z. B. im Betreff verwenden oder klare Fristen mit dem Wort „spätestens" verbinden. Selbstverständlich liegt immer auch dann eine Mahnung vor, wenn konkret gedroht wird, z. B. mit Zinsforderungen oder der Abgabe der Sache an einen Anwalt.

Die mildere Form, die aber keine rechtlichen Konsequenzen auslöst, ist die **Zahlungserinnerung**, die genau das tut, was der Name sagt: nämlich freundlich erinnert. Es kommt aber nicht nur auf die Bezeichnung, sondern den Inhalt an. Eine Zahlungserinnerung, die eine klare Frist setzt, z. B. „Zahlen Sie bis spätestens ...", wird durch diesen Inhalt zur Mahnung, auch wenn sie nur als Zahlungserinnerung bezeichnet wurde.

Der Gläubiger muss den **Zugang der Mahnung beweisen**, wenn er die 30-Tages-Frist einseitig verkürzen will. Wartet er die 30-Tages-Frist ab, greift die gesetzliche Automatik. Es bedarf also dann keiner Mahnung mehr. Da die 30-Tages-Frist aber vom Rechnungszugang abhängt, muss er den **Rechnungszugang beweisen**. Der einzig praxistaugliche Beweis ist ein Kontrolltelefonat.

Verbraucher ist jemand, der nicht als Geschäftsmann, sondern als Privatperson handelt.

Sind Ihre Kunden also Privatleute, müssen Sie, um die Verzugsautomatik nach 30 Tagen auszulösen, in der Rechnung auf die (neue) Rechtslage hinweisen. Sind Ihre Kunden Geschäftsleute, dazu gehören auch Selbstständige, die für ihr Geschäft handeln, müssen sie selbst die Rechtslage kennen. Dieser Kundenkreis braucht keinen Hinweis auf der Rechnung.

Beispiele aus der Praxis

Die nachfolgenden Beispiele zeigen Rechnungsaufdrucke, die in der Praxis gebräuchlich sind. Das anschließende „Testergebnis" beurteilt diese Formulierungen nach der aktuellen Rechtslage.

Muster: Aufdruck Verbraucherrechnung

Bitte bezahlen Sie die Rechnung sofort und ohne Abzug. Als Verbraucher kommen Sie gem. § 286 (3) BGB in Verzug, wenn Sie nicht spätestens binnen 30 Tagen diese Rechnung beglichen haben.

Das Muster macht deutlich:

- Der Gläubiger erwartet die Zahlung binnen 30 Tagen, ohne dafür noch einmal etwas tun zu wollen.
- Der Gläubiger ist mit Paragrafen schnell zur Hand und kennt sich aus.

Beispiel 1: Rechnungsaufdruck

Rechnung zahlbar binnen 10 Tagen mit 2 % Skonto, 20 Tage netto.

Testergebnis:

- Einseitiges Skontozugeständnis, das den Gläubiger bei den heute engen Margen sehr teuer zu stehen kommt. Schnelle Zahlungen lassen sich durch schnelle Mahnungen billiger erreichen.

- Kein Hinweis auf die gesetzliche 30-Tages-Frist. Die gesetzliche 30-Tages-Frist greift deswegen nicht, wenn der Schuldner Verbraucher ist. Aber:

- Eindeutige Zahlungsaufforderung und damit eine Mahnung. Weil Mahnungen bereits Bestandteil der Rechnung sein können, kommt der Schuldner durch die Mahnung nach den 20 Tagen in Verzug, auch dann, wenn er ein Verbraucher ist.

- Verbesserungsvorschlag: Fügen Sie das Wort „spätestens" hinzu, dann wird noch deutlicher, was Sie erwarten und dass es nach Fristablauf zu spät ist.

Beispiel 2: Rechnungsaufdruck einer Verbraucherrechnung

Handwerkerrechnung sofort zahlbar ohne Abzug!

Testergebnis:

- Kein Hinweis auf die gesetzliche 30-Tages-Frist. Bei einem Verbraucher wird deswegen die gesetzliche Verzugsautomatik nicht ausgelöst. Er muss gemahnt werden.

- Der Hinweis hat keine gestaltende Wirkung. Er wiederholt nur, was nach dem Gesetz selbstverständlich ist und zeigt, dass hier nicht exakt gearbeitet wird.

15

Beispiel 3: Rechnungsaufdruck

Wir bitten, die Rechnung spätestens 10 Tage nach Zugang zu bezahlen.

Testergebnis:

- Kein Hinweis auf die gesetzliche 30-Tages-Frist. Bei einem Verbraucher wird deswegen die gesetzliche Verzugsautomatik nicht ausgelöst. Er muss gemahnt werden.

- Das Wort „spätestens" kann man hier deswegen nicht als Mahnung auffassen, weil es nur Teil der „Bitte" ist. In der Gesamtschau haben wir also eine „dringliche Bitte", die unterhalb der Schwelle der eindeutigen Zahlungsaufforderung bleibt.

1.3   Neu 2014: Gesetz zur Bekämpfung von Zahlungsverzug im Geschäftsverkehr

Mit Wirkung ab dem 29.07.2014 gelten für den Geschäftsverkehr neue, verschärfte Regelungen mit dem Ziel, die Gläubigerposition zu stärken.

Wie es dazu kam

Zahlungsverzug gefährdet die Liquidität von Unternehmen und reißt bei Insolvenz des Kunden nicht selten den Lieferanten mit. Und nicht zuletzt aus den Erfahrungen der Finanzkrise hat die EU Maßnahmen zur Sicherung der Kapitalausstattung von Unternehmen beschlossen. Mit der Richtlinie zur Bekämpfung von Zahlungsverzug im Geschäftsverkehr im Jahre 2011 wurden die Mitgliedstaaten aufgefordert, bis März 2013 die nationalen Gesetze an diese Richtlinie anzupassen. Deutschland war mit der Umsetzung daher 2014 in Verzug und hat in einem sehr schnellen Verfahren mit Wirkung ab dem 29.07.2014 die nationale Umsetzung, das „Gesetz zur Bekämpfung von Zahlungsverzug im Geschäftsverkehr", beschlossen und ab diesem Datum die geltende nationale Rechtslage im Geschäftsverkehr deutlich verschärft.

Was sich geändert hat

Die 30-tägige Zahlungsfrist läuft wie bisher ab Rechnungszugang, neu ist aber, dass sie bereits ab dem Tag der Leistungserbringung beginnt. Wer im Geschäftsverkehr eine Warenlieferung oder eine Werkvertragsleistung gegen Festpreis in Empfang genommen hat, muss also auch, ohne dass eine Rechnung bereits vorliegt, binnen 30 Tagen bezahlen, andernfalls kommt er in Verzug.

Nach wie vor gibt es aber Möglichkeiten, den Beginn dieser Frist hinauszuschieben: Muss eine Werksvertragsleistung abgenommen werden oder ist beim Werksvertrag die Zahlungshöhe erst aufgrund einer Abrechnung der erbrachten Leistungen prüfbar, war dies in der Vergangenheit regelmäßig eine Chance, über Wochen, wenn nicht Monate zu verzögern. Um das zu verhindern, wurde eine weitere 30-Tage-Frist eingeführt, die Frist zur Abnahme oder Überprüfung der Leistung. Der Schuldner kommt also damit nach 60 Tagen im Falle von Passivität mit seiner Zahlungspflicht in Verzug. Er war verpflichtet, binnen 30 Tagen abzunehmen oder die auf der Rechnung aufgeführte Leistung zu prüfen und hatte danach weitere 30 Tage Zeit, um die Zahlung zu leisten.

Sofort denkt man natürlich daran, dass gesetzliche Fristen in der Vergangenheit regelmäßig über die AGBs oder über konkrete individuelle Vertragsgestaltungen verlängert wurden. Auch hier hat der Gesetzgeber eingegriffen. Verlängernde Gestaltungen sind künftig nur noch möglich, wenn sie ausdrücklich vereinbart wurden und (das ist neu) wenn sie im Hinblick auf die Belange des Gläubigers nicht grob unbillig sind. Jede Fristverlängerung über die 30 Tage Prüfzeit hinaus unterliegt also künftig der richterlichen Kontrolle und nicht mehr der beliebigen Vertragsfreiheit. Schuldner, die aufgrund ihrer Nachfragemacht häufig den Vertragsinhalt ziemlich einseitig festlegen konnten, finden hier ihre Grenze.

Mehr noch: AGBs, die eine Verlängerung vorsehen, sind abmahnfähig. Die Neuregelung hat dafür einen Unterlassungsanspruch aufgenommen, sodass jeder Versuch, die gesetzlichen Fristen durch AGBs auszuhebeln, verhindert werden kann. Weil Konkurrenten, aber auch Verbraucherschutzverbände sicherlich gerne von diesem Unterlassungsanspruch Gebrauch machen werden, ergibt sich eine Drohkulisse, die wirksam sein wird. Das heißt aber umgekehrt, dass Unternehmen, vielleicht auch Sie, ihre vorhandenen AGBs überprüfen müssen, um nicht plötzlich mit Abmahnkosten konfrontiert zu werden.

Neu ist auch eine Erhöhung des Verzugszinssatzes zwischen Unternehmen, der von 8 auf 9 Prozentpunkte über dem Basiszins leicht angehoben wurde.

Vielleicht wichtiger ist die Möglichkeit, einen pauschalen Verzugsschadensersatz von 40 EUR geltend zu machen, der das kleinliche Hickhack über die Höhe der Mahnkosten beenden soll. Selbstverständlich kann aber nach wie vor ein höherer Verzugsschaden nachgewiesen werden.

Alle Fristen gelten nicht für Ratenzahlungen oder Abschlagzahlungen und vor allem gelten sie nicht gegenüber Verbrauchern.

Die praktischen Auswirkungen

Weil aufgrund des Unterlassungsanspruches gegen rechtswidrige AGBs vorgegangen werden kann, werden alle Unternehmen, die nicht ausschließlich an Verbraucher liefern, ihre Geschäftsbedingungen anpassen (müssen).

Am nachhaltigsten aber wird das Verhältnis zwischen der Handwerkerschaft und der öffentlichen Hand verändert. Auch hier gelten die Fristen und es wird damit erstmals der Nachfragemacht von Bund, den Ländern und den Gemeinden etwas entgegengesetzt. Die Verbesserung der öffentlichen Zahlungsmoral dürfte bei vielen Handwerksbetrieben und Bauunternehmen zu einer neuen Kalkulationsgrundlage führen, weil bisher oft schon Monate teure Vorfinanzierungen einzukalkulieren waren.

1.4   Vereinbarte Zahlungskonditionen gehen vor

Wer mit seinem Kunden konkrete Zahlungskonditionen vereinbart hat, muss nicht mahnen. Vereinbart heißt, die Zahlungskonditionen müssen Teil des Vertrages sein.

Beispiel: Vereinbarung von Zahlungskonditionen

Vereinbart wird:	– Lieferung 14.08.
	– Preis 100 EUR
	– Zahlung 17.08.
	– Unterschrift Lieferant
	– Unterschrift Kunde

Beurteilung:

- Solche individuellen Vereinbarungen gehen vor.

Beispiel: Rechnungsaufdruck

Zahlbar binnen 60 Tagen.

Beurteilung:

- Damit wird die gesetzliche 30-Tages-Frist auf 60 Tage verlängert. Danach tritt automatisch Verzug ein.
- Jeder Gläubiger kann einseitig den Zahlungszeitpunkt hinausschieben.

Beispiel: Rechnungsaufdruck

Rechnung binnen 60 Tagen fällig.

Beurteilung:

- Mit dieser Klausel wird nicht die gesetzliche Frist verlängert, sondern die Rechnung gestundet. Die 30-Tages-Frist beginnt also erst danach. Sie können aber sofort nach 60 Tagen mahnen.

Auch wenn die Rechnung vorliegt und eigentlich zu bezahlen wäre, kann mit dem Kunden eine **Stundung** vereinbart werden. Stundungsvereinbarungen werden häufig dann getroffen, wenn Kunden reklamieren.

Beispiel: Am Telefon

„O. k., wir prüfen die Reklamation, Sie müssen die Rechnung vorerst nicht bezahlen."

Wer so dem Kunden nachgibt, ist daran gebunden. Weil unklar ist, wann die Rechnung zu bezahlen ist, muss in diesem Falle der Kunde später auch noch gemahnt werden.

1.5 Verzug trotz Reklamation?

Vom Kunden vorgeschobene oder aufgebauschte Mängel nennt man **taktische Reklamationen**. Reklamationen ändern nichts an der Fälligkeit der Rechnung. Hat der Kunde ein Rückgaberecht, durchkreuzt er natürlich mit der Rückgabe die Rechnungsforderung.

Hat er kein Rückgaberecht, kann er aber so viel zurückbehalten, wie notwendig wäre, um den Schaden zu beheben. Damit der Kunde mit seinem Zurückbehaltungsrecht Druck ausüben kann, akzeptiert die Rechtsprechung durchaus den 3- bis 5-fachen Betrag, der für die notwendigen Nachbesserungen aufgebracht werden müsste. Ist die Rechnung höher als dieser Betrag, kommt der Kunde mit dem höheren Betrag in Verzug. Das ist wichtig und wird gerne übersehen.

Beispiel 1: Reklamation

Ein Gärtner pflanzt in einem privaten Hausgarten 12 Büsche. Einer lässt die Blätter hängen und muss ersetzt werden. Zurückbehaltungsrecht: 3- bis 5-facher Betrag, also maximal für fünf Büsche. Zahlt der Kunde überhaupt nicht, kommt er mit der Zahlung der anderen sieben Büsche in Verzug.

> **Beispiel 2: Reklamation**
>
> Ein Mieter bemängelt zwei defekte Lampen im Hausgang, den nicht gemähten Rasen und im Treppenaufgang herumliegendes Papier. All dies ist abzustellen, aber im ersten Moment kein Grund, die Miete nicht zu bezahlen.

Wer also wegen Kleinigkeiten meckert, kann in die Schranken gewiesen werden: Ist die Reklamation aber wesentlich, seien Sie großzügig. Bestehen Sie jedoch auf dem Rest Ihrer Forderung. Es führt eben nicht jede Reklamation dazu, dass die ganze Rechnung nicht bezahlt werden muss.

1.6 Verzug bei Zahlungsverweigerung

Sobald ein Schuldner erklärt, er werde nicht bezahlen, setzt er sich selbst in Verzug. Diese Erklärung kann auch mündlich erfolgen, sie muss aber beweisbar sein. Notieren Sie deshalb stets solche mündlich geäußerten, endgültigen Zahlungsverweigerungen.

1.7 Checkliste für Mahnungen

Prüfen Sie immer, bevor Sie mahnen:

> **Mahncheckliste: Lieferung an einen Verbraucher**
>
> - Rechnung verschickt
> - Keine Vereinbarung über verzögerte Zahlungskonditionen
>   - Keine Zahlungsfristen per Vertrag hinausgeschoben
>   - Keine Zahlungsfrist per Rechnung hinausgeschoben
>   - Keine Stundung zugesagt
> - Ist meine Mahnung rechtlich notwendig? Ja, wenn
>   - der Kunde Verbraucher ist, es aber keinen Hinweis auf die 30-Tages-Frist in der Rechnung gab
>   - ich die gesetzliche 30-Tages-Frist unterschreiten will
>   Ich setze Fristen und drohe dem Kunden.
> - Ist meine Mahnung rechtlich nicht mehr notwendig, muss ich also keine Rechtswirkung mit ihr erzeugen. Da der Kunde sich bereits im Verzug befindet, kann ich mich auf psychologische Formulierungen beschränken.

Mahncheckliste: Lieferung von Unternehmer an Unternehmer

- Ist meine Mahnung rechtlich notwendig? Befindet sich der Geschäftskunde nicht eventuell schon aufgrund des beweisbaren Lieferdatums und der abgelaufenen 30-Tages-Frist im Verzug?
- Steht dem Kunden, weil es sich nicht um einen Kauf-, sondern um einen Werkvertrag gehandelt hat, eine 60-Tages-Frist zu? Hat sich also die 30-tägige Zahlungsfrist um die 30-tägige Abnahme- und Prüffrist um weitere 30 Tage verlängert?
- Im Zweifel 60-Tages-Frist abwarten.

1.8   Dem Kunden beweisen, dass er die Rechnung bekommen hat

Behauptet der Kunde, er habe die Rechnung nicht bekommen, sind Sie beweispflichtig.

Der Staat hat es sich dabei einfach gemacht: Ein Bescheid des Finanzamtes gilt drei Tage nach der Aufgabe zur Post als übermittelt. Das Zivilrecht kennt eine solche Bestimmung aber nicht, obwohl das immer wieder behauptet wird. Der Beweis der Absendung ist kein Beweis des Zugangs. Dazwischen liegt nämlich der nicht ganz seltene Fall, dass das Schreiben bei der Post verloren geht, und dies liegt im Risikobereich des Gläubigers! Auch der Nachweis, dass eine Rechnung oder Mahnung mehrfach an dieselbe Adresse versandt und nie zurückgekommen ist, reicht als Beweis nicht.

Die Folgen dieses Beweisproblems sind gravierend. Es kommt durchaus häufiger vor, dass Schuldner behaupten, die Zustellung des Mahnbescheides überrasche sie vollständig. Sie hätten nie etwas Schriftliches bekommen. Ohne Nachweis des Rechnungszuganges bleibt der Gläubiger bei dieser Argumentation nicht nur auf allen Kosten des Mahnbescheides sitzen. Er kann auch weder Mahngebühren noch Zinsen geltend machen. Also sichern Sie den Beweis, dass der Schuldner die Rechnung bekommen hat.

Da niemand Rechnungen per Einschreiben versenden kann, lässt sich der Rechnungszugang nur beweisen, wenn der Schuldner selbst einräumt, dass er die Rechnung bekommen hat.

Tipp:
Den Rechnungszugang können Sie durch ein Kontrolltelefonat nachweisen.

Und telefonieren sollten Sie ohnehin, um den Schuldner effizient zu mahnen. Das notwendige Mahntelefonat wird zum Beweistelefonat.

Dass ein Telefonat ein Beweismittel sein könnte, wird allgemein als überraschend empfunden. Das hilft uns beim Schuldner, der in der Regel ohne Weiteres einräumt, dass er die Rechnung erhalten hat und meist gar nicht ahnt, dass ihm auf diese Weise die Behauptung, er habe nichts vorliegen, aus der Hand genommen wird.

Voraussetzungen der Beweistauglichkeit von Schuldnertelefonaten

- Es sollte nicht der Gläubiger selbst telefonieren, weil er im Prozess nur als Partei vernommen werden könnte, was weniger wert ist. Schuldnertelefonate sollten deshalb besser Angestellte führen. Auch das Telefonat des Ehegatten reicht als Beweis.
- Stellen Sie sicher, dass Sie mit dem Schuldner selbst oder einer zuständigen Person telefoniert haben.
- Fragen Sie ausdrücklich nach der Rechnung, was Sie ohnehin tun müssen, um das Gespräch richtig beginnen zu können.
- Notieren Sie sich alle wichtigen Daten des Telefonats, um später auf eine schriftliche Notiz zurückgreifen zu können.
  - Datum, evtl. Uhrzeit
  - Telefonpartner
  - Telefonnummer
  - Rechnung erhalten
  - Einwendungen
  - Zahlungsvereinbarung

Natürlich werden Sie sich als Zeuge bei Gericht nicht mehr an das konkrete Telefonat erinnern. Legen Sie aber dem Gericht eine schriftliche Aufzeichnung vor, wird man Ihnen glauben. Der Schuldner wird mit der Behauptung, er habe an diesem Tage nicht und überhaupt nie mit dem Gläubiger telefoniert, nicht durchdringen. Es ist immer noch leichter, das Telefonat zu beweisen, als zu beweisen, dass ein Telefonat **nicht** stattgefunden hat.

> **Achtung: Erleichterung für den Geschäftsverkehr**
>
> Bei der Lieferung von einem Unternehmer an einen Unternehmer löst bereits die regelmäßig einfach nachzuweisende Lieferung die 30-tägige Zahlungsfrist per Gesetz aus. Die Rechnung ist dann nur ein Formalpapier für die Buchhaltung, auf das der Kunde allerdings Anspruch hat. Behauptet der Geschäftskunde, die Rechnung nicht erhalten zu haben, hilft man ihm durch die Zusendung einer Kopie.

1.9 Aus Verzug wird Schadenersatz

Wer zu spät bezahlt, also in Verzug gerät, hat einen Fehler gemacht, für den er haftet. Schäden, die der Gläubiger ersetzt verlangen kann, sind:

- Zinsen
- Mahngebühren
- Gerichts- und Anwaltsgebühren

Zinsen

Sie können die Zinsen verlangen, die Sie bei Ihrer Bank bezahlen. Die Zinshöhe beweisen Sie z. B. durch einen Kontoauszug, wenn auf dem Kontoauszug der Sollstand höher ist als der Rechnungsbetrag. Ihre Girozinsen einschließlich der Überziehungsprovision gehen dann zulasten des Schuldners. Schließlich hätten Sie genau diese Aufwendungen nicht gehabt, wäre die Rechnung rechtzeitig bezahlt worden.

Haben Sie mehrere Konten im Soll, können Sie auswählen und machen es richtig, wenn Sie sich den höchsten Schaden erstatten lassen.

Gesetzlicher Zinssatz

Auch wenn Sie kein Konto im Soll haben, können Sie den gesetzlichen Zinssatz verlangen.

Gesetzliche Grundlagen

§ 288 BGB (neue Fassung)

Verzugszinsen

(1) Eine Geldschuld ist während des Verzugs zu verzinsen. Der Verzugszinssatz beträgt für das Jahr fünf Prozentpunkte über dem Basiszinssatz.

(2) Bei Rechtsgeschäften, an denen ein Verbraucher nicht beteiligt ist, beträgt der Zinssatz für Entgeltforderungen neun Prozentpunkte über dem Basiszinssatz.

(3) Der Gläubiger kann aus einem anderen Rechtsgrund höhere Zinsen verlangen.

(4) Die Geltendmachung eines weiteren Schadens ist nicht ausgeschlossen.

(5) Der Gläubiger einer Entgeltforderung hat bei Verzug des Schuldners, wenn dieser kein Verbraucher ist, außerdem einen Anspruch auf Zahlung einer Pauschale in Höhe von 40 Euro. Dies gilt auch, wenn es sich bei der Entgeltforderung um eine Abschlagszahlung oder sonstige Ratenzahlung handelt. Die Pauschale nach Satz 1 ist auf einen geschuldeten Schadensersatz anzurechnen, soweit der Schaden in Kosten der Rechtsverfolgung begründet ist.

(6) Eine im Voraus getroffene Vereinbarung, die den Anspruch des Gläubigers einer Entgeltforderung auf Verzugszinsen ausschließt, ist unwirksam. Gleiches gilt für eine Vereinbarung, die diesen Anspruch beschränkt oder den Anspruch des Gläubigers einer Entgeltforderung auf die Pauschale nach Absatz 5 oder auf Ersatz des Schadens, der in Kosten der Rechtsverfolgung begründet ist, ausschließt oder beschränkt, wenn sie im Hinblick auf die Belange des Gläubigers grob unbillig ist. Eine Vereinbarung über den Ausschluss der Pauschale nach Absatz 5 oder des Ersatzes des Schadens, der in Kosten der Rechtsverfolgung begründet ist, ist im Zweifel als grob unbillig anzusehen. Die Sätze 1 bis 3 sind nicht anzuwenden, wenn sich der Anspruch gegen einen Verbraucher richtet.

Geschäftskunden bezahlen also einen 4 %-Punkte höheren Zins als Verbraucher. Die Zinssatzhöhe wurde absichtlich hoch gewählt, um durch diesen Strafzins den Schuldner zur schnelleren Zahlung anzuhalten.

Der **Basiszinssatz** wird von der Deutschen Bundesbank jeweils für ein halbes Jahr im Voraus festgelegt. Daraus errechnet sich dann:

- Gesetzlicher Verbraucherzinssatz: Basiszinssatz + 5 %
- Gesetzlicher Geschäftskundenzinssatz: Basiszinssatz + 9 %

Aktuelle gesetzliche Zinssätze			
Zeitraum	Basiszinssatz	Verbraucherzinssatz	Geschäftskunden-zinssatz
ab 01.01.12	0,12 %	5,12 %	8,12 %
ab 01.07.12	0,12 %	5,12 %	8,12 %
ab 01.01.13	- 0,13 %	4,87 %	7,87 %
ab 01.07.13	- 0,38 %	4,62 %	7,62 %
ab 01.01.14	- 0,63 %	4,37 %	7,37 %
ab 01.07.14	- 0,73 %	4,27 %	7,27 %
Einzelheiten, auch frühere Zinssätze, vgl. http://www.basiszinssatz.info/			

Mahngebühren

Mahngebühren können Sie erst berechnen, wenn sich der Schuldner in Verzug befindet. Setzen Sie ihn also mit einer ersten Mahnung erst in Verzug, ist diese erste Mahnung noch kostenlos. Die Höhe der Mahngebühren gegenüber Verbrauchern ist nicht per Gesetz festgelegt. Der Richter beurteilt, was er akzeptieren will, den Rest streicht er. Gehen Sie von 4 bis 8 EUR pro Mahnung aus.

Mahngebühren sind wie Knöllchen an der Windschutzscheibe im Parkverbot. Sie ärgern, auch wenn sie häufig nicht viel kosten, und haben damit eine wichtige Erziehungsfunktion. Mahngebühren sind ein erstes Druckmittel des Gläubigers und zeigen auf, dass er es ernst meint. Weil kleine Beträge weniger ernst genommen werden, gehen Sie eher an die obere Grenze bei der Mahngebührenhöhe. Vor allem aber – so banal es an dieser Stelle auch klingen mag –, vergessen Sie nicht, Mahngebühren zu fordern.

Im Geschäftsverkehr zwischen Unternehmen wird, und darauf sollten Sie in der Mahnung hinweisen, seit dem 29.07.2014 eine Pauschale von 40 EUR geschuldet.

Anwalts- und Inkassokosten

In Deutschland gilt das Prinzip, dass alle Anwalts-, Gerichts- und Inkassokosten vom Schuldner zu tragen sind, wenn er sich im Verzug befindet. Im Ausland ist dies die Ausnahme.

Diese Kosten können erheblich sein. Eine außergerichtliche Mahnung durch einen Anwalt nach Prüfung der Rechtslage oder durch ein Inkassounternehmen[**] kostet:

Wert bis	Anwaltsgebühren[*] in EUR
500	58,50
1.000	104,00
1.500	149,50
2.000	195,00
3.000	261,30
4.000	327,60
5.000	393,90
6.000	460,20
7.000	526,50
8.000	592,80
9.000	659,10
10.000	725,40
13.000	785,20
16.000	845,00
19.000	904,80
22.000	964,60
25.000	1.024,40
30.000	1.121,90
[*] 1,3 Gebühren inkl. Auslagenpauschale, zuzüglich Mehrwertsteuer 19 %	
[**] Gemäß unseren Recherchen rechnen Inkassoinstitute auch nach RVG-Gebühren ab, berechnen aber andere Pauschalen, die je nach Institut variieren können.	

2 Prüffähige Rechnungen versenden

Eigentlich ist die Prüffähigkeit einer Rechnung etwas Selbstverständliches. Dem Kunden soll die Prüfung des Rechnungsbetrages durch einen Abgleich zwischen seiner Bestellung und den einzelnen verrechneten Positionen nach Menge und Preis möglich sein.

Deswegen hat er das Recht, die Zahlung mindestens in Teilen zu verweigern, solange nicht alle Positionen der Rechnung so detailliert dargestellt sind, dass er sie überprüfen kann. Darüber hinaus muss die Rechnung auch steuerlichen Anforderungen genügen, damit der Kunde sie steuerlich geltend machen kann.

2.1 Das gehört in eine prüffähige Rechnung

Diese Elemente müssen Bestandteil einer prüffähigen Rechnung sein:

- Absender

  Benutzen Sie Ihren Briefbogen, der auch die sonstigen handelsrechtlich notwendigen Angaben wie den Geschäftsführer, das Handelsregistergericht und die Handelsregisternummer enthält. Nennen Sie Ihre Bankverbindung.

- Kundenanschrift

  Rechnungsempfänger ist der Vertragspartner. Lässt der Kunde über einen Bevollmächtigten bestellen, wäre eine Rechnungstellung an den Bevollmächtigten falsch. Beispiel: Der Architekt bestellt für den Bauherrn. Im Anschriftenfeld der Rechnung muss zwingend der Bauherr stehen, nicht der Architekt.

  Denken Sie daran: Die Meier GmbH z. B. ist rechtlich eine andere Person als Meier privat. Bestellt die GmbH, muss die Rechnung auch an die Meier GmbH ausgestellt werden. Häufig werden hier bei der Stammdatenerfassung Fehler gemacht. Man gibt eben Meier ein, wenn ein Herr Meier etwas telefonisch bestellt hat.

  Hat tatsächlich Herr Meier, aber privat bestellt, etwa als Bauherr für sein Wohnhaus, muss an Herrn Karl-Heinz Meier adressiert werden. Nur die Nennung des Vornamens individualisiert. Haben Sie den Vornamen bei der Stammdatenerfassung aber nicht erfragt, fehlt er Ihnen bei der Rechnungsausstellung und der Fehler setzt sich fort.

Tipp:
Prüfen Sie jeden Wunsch eines Kunden, die Rechnung auf einen anderen Namen umzuschreiben, kritisch. Entweder haben Sie selbst einen Fehler bei der Stammdatenerfassung gemacht oder der Kunde versucht aus steuerlichen Gründen oder im Insolvenzvorfeld unkorrekte Angaben unterzubringen und die Rechnung zu verlagern.

- Rechnungsdatum (= Tagesdatum)
- Fortlaufende Rechnungsnummer
- Leistungsabrechnung

  Die Leistungsabrechnung muss übersichtlich sein. Sie ist dann übersichtlich, wenn mit zumutbarem Aufwand ein zweckdienliches Abrechnungssystem erkennbar ist. Eine Rechnung über 5 Positionen wird stets übersichtlich sein. Hat die Rechnung allerdings 500 Positionen, muss gegliedert werden. Lassen sich in diesem Fall Leistungen bestimmten Zeitpunkten zuordnen, wird man nach diesen Daten gliedern. Ein Zeitraum reicht häufig aus. Eine tagesgenaue Bezeichnung kann aber erforderlich werden, wenn anders die Leistungen nicht zuordenbar sind.
  Handelt es sich um Materiallieferungen, bieten sich bestimmte Materialgruppen und Untergruppen an.

Tipp:
Übersichtlich heißt nicht schön, aber alles sollte mit vernünftigem Aufwand für den Kunden verständlich sein.

Gibt es einen Vertrag oder ein Leistungsverzeichnis, sollte die dortige Aufstellung in der Art und den Bezeichnungen übernommen werden. Die Rechnung ist dann das Spiegelbild. Nur daraus ergibt sich eine einwandfreie Zuordnung und Vergleichbarkeit.

Die Aufschlüsselung in einzelne Positionen ist notwendig, wo immer dies der Transparenz dient. Material ist einzeln zu bezeichnen. Eine Position

„Kleinmaterial 5 EUR" für diverse Schrauben, Unterlegscheiben etc. bei einer Montage wird aber niemand beanstanden. Hier wäre eine Detaillierung nicht mehr sinnvoll.

Eine Position „Diverse Einlegeböden für Büroschränke", gar mit einem dreistelligen Euro-Betrag, wäre zu undetailliert.

Bei Stundenleistungen kann nach Leistungsträgern und Tagen zusammengefasst werden. Einheitspreise sind stets zu benennen.

Möglicherweise sind bestimmte **Anlagen zur Rechnung** notwendig, um die Prüfung zu ermöglichen. Dies können Abnahmeprotokolle, Stundenlohnzettel, Rechnungen für den Materialbezug bei Fremdfirmen etc. sein. Auch diese Anlagen müssen aber so weit detailliert sein, dass eine genaue Zuordnung möglich wird. Achten Sie also auch bei Ihren Lieferanten darauf, sonst gibt es bei der Weitergabe der Lieferantenrechnung zu Recht Einwendungen, die dann vom Rechnungsempfänger gerne dazu genutzt werden, Ihre Rechnung nicht zu bezahlen.

- Summe des Nettopreises
- Separater Mehrwertsteuerausweis, evtl. gegliedert nach unterschiedlichen Mehrwertsteuersätzen
- Summe des Bruttopreises
- Steuernummer/Umsatzsteueridentifikationsnummer des Rechnungsausstellers

Zusätzlich zum juristisch notwendigen Inhalt einer prüffähigen Rechnung nehmen Sie auf:

- Bestellnummer etc. des Kunden
- Dank für die Beauftragung
- Eventuelle Zahlungskonditionen
- Vermeiden Sie Skontozugeständnisse, die nicht notwendig sind. Durch rasches Mahnen lässt sich die Zahlungsbereitschaft regelmäßig kostengünstiger fördern.
- Hinweise auf die 30-Tages-Frist bei Rechnungen an Verbraucher
- Eventuell Eigentumsvorbehalt

- Hinweis auf Ihre allgemeinen Geschäftsbedingungen, eventuell klein gedruckt auf der Rückseite, dann aber mit deutlichem Hinweis in der Rechnung selbst.

Für so genannte wiederkehrende Leistungen ist keine Rechnung notwendig

Mieten aufgrund eines Dauermietvertrages oder Zinsen aufgrund eines Darlehens sind nach den im Vertrag festgelegten Fristen ohne Rechnung zu bezahlen.

> **Achtung:**
> Berechnen Sie Zinsen in einer Mahnung, ist der Zinsbetrag nur zahlungsfällig, wenn die Zinsberechnung prüfbar ist. Anzugeben sind:
> - der zu verzinsende Betrag
> - der Zinssatz und
> - der Zinsabrechnungszeitraum

Testen wir gängige Abrechnungen auf ihre Prüffähigkeit hin:

Beispiel: Mahnung mit Zinsen (2014)	
Bitte bezahlen Sie unsere Rechnung vom 01.07. unverzüglich. Wir berechnen **Zinsen.**	
Rechnungsbetrag	680,00 EUR
Gesetzlicher Zinssatz: 4,27 %, vom 07.07. – 07.08.	2,42 EUR
Zahlbetrag	682,42 EUR

Testergebnis:
Die Mahnung ist prüffähig, weil verzinslicher Betrag, Zinssatz und Zinszeitraum angegeben wurden. Daraus lässt sich der Zinsbetrag überprüfen.

Beispiel: Rechnung	
Für den Einbau von 5 Türen in Ihrem Hause am .... berechnen wir:	
Material	1.812,00 EUR
Arbeitszeit	486,00 EUR
Summe	2.298,00 EUR

Testergebnis:

Diese Rechnung ist nicht prüfbar, weil weder Material noch Arbeitszeit aufgeschlüsselt sind und keine Mehrwertsteuer ausgewiesen ist. Richtig wäre:

Beispiel: Rechnung korrigiert	
Für den Einbau von 5 Türen in Ihrem Hause am .... berechnen wir:	
5 Türblätter à EUR 362,40	1.812,00 EUR
Arbeitszeit 12,5 Stunden Monteur à EUR 38,80	486,00 EUR
Zwischensumme	2.298,00 EUR
zzgl. 19 % MwSt	436,62 EUR
Summe	2.734,62 EUR

Testergebnis:

Die Rechnung ist jetzt prüfbar, weil bei Material und Arbeitszeit nach Menge und Einheitspreis differenziert wurde. Die Mehrwertsteuer ist ausgewiesen.

Beispiel: Rechnung	
Gemäß Pauschalpreisvereinbarung im Werkvertrag vom .... berechnen wir Ihnen	
für den Einbau von 5 Türen:	2.298,00 EUR
zzgl. 19 % MwSt	436,62 EUR
Summe	2.734,62 EUR

Testergebnis:

Da es sich um eine Pauschalpreisvereinbarung handelt, bedarf es keiner Differenzierung. Prüffähig muss nur sein, ob die im Werkvertrag zugesagte Leistung und ihr Preis übereinstimmen.

2.2 Stilfragen

Manchen fällt es schwer, Rechnungen zu schreiben und die Gegenleistung einzufordern. Sie scheuen sich davor, mit der notwendigen Deutlichkeit die

Zahlungserwartung anzusprechen. Aber keine Angst: Kunden vergrault man nicht mit klaren Worten. Außerdem kann sich jeder Kunde selbst entscheiden, ob er sich durch eine deutliche Formulierung im Vorfeld ertappt fühlt, weil er eben nicht zur Mehrzahl der Pünktlichzahler gehört.

Schon bei der Rechnung gilt:

Tipp:
Prompte Rechnung → prompte Zahlung.
Klarer Stil → keine Fragen.

Versenden Sie die Rechnung so schnell wie möglich, am besten sofort nach Leistungserbringung.

Beispiel: Jeder Tag kostet Zinsen	
Jahresumsatz	1,0 Mio. EUR
verzinst zu 5 %, kostet pro Jahr	50.000,00 EUR
Kostet pro Tag, 1/360	138,89 EUR
Jeder Tag, den Sie Ihre Rechnungen durchschnittlich eher versenden, erspart also an Zinsaufwendungen 0,014 % vom Umsatz.	

Erstellen Sie übersichtliche Rechnungen, auch hinsichtlich der Zahlungskonditionen. Werden Zahlungskonditionen klein gedruckt, erwecken sie den Eindruck, es sei dem Lieferanten damit nicht so ernst. Werden die Zahlungskonditionen aber an zentraler Stelle optisch hervorgehoben, fallen sie ins Auge. Die Position zeigt dem Kunden auch, dass es dem Lieferanten auf prompte Zahlung ankommt.

2.3 Musterrechnungen

Die zwei Musterrechnungen auf den folgenden beiden Seiten sind zum einen an einen privaten Käufer und zum anderen an eine Firma gerichtet.

Rechnung an einen privaten Käufer

Herrenausstatter Ketterer GmbH

Schlossallee 2
92000 Weidenbach
Tel. 09600/32345-10
Fax 09600/32345-20
E-Mail: herrenausstatter@ketterer.de

Herr	Datum: 14. Februar 200X
Felix Obert 1)	Auftrags-Nr.: 2400687
Feldstraße 13	Verkäuferin: Tanja Sillmann
	Lieferdatum: 12. Februar 200X
79305 Musterhausen	Lieferart: franko frei Haus

Rechnung Nr. 6743   2)

	Anzahl	Beschreibung	Einzelpreis	MwSt	Gesamt
3)	1	Herrenhemd Lorenzini, blau	65,00 EUR	19 %	65,00 EUR
	1	Herrenanzug Boss, camel	344,00 EUR	19 %	344,00 EUR
			Zwischensumme		409,00 EUR
			MwSt. 19 %		**77,71 EUR**
			Summe		**486,71 EUR**

4) **Zahlungsbedingungen:**
Bitte bezahlen Sie diese Rechnung innerhalb von 30 Tagen. Nach § 286 BGB sind Sie dazu gesetzlich verpflichtet. Nach Fristablauf werden wir Mahnspesen und Verzugszinsen berechnen. Wir liefern unter Eigentumsvorbehalt. Es gelten die umseitigen AGBs.

5) Vielen Dank für Ihren Auftrag und viel Freude beim Tragen!

Ihr Herrenausstatter Ketterer GmbH

Bankverbindung: Sparkasse Amberg, IBAN DE41 7525 0000 0190 2117 11, BIC BYLADEM1ABG

6) Amtsgericht Amberg, HRB 000, Geschäftsführer: Karl Ketterer

7) USt-IDNr. DE200200200, St.-Nr. 900/000/20099

1) Korrekte Stammdaten aufnehmen, Privatpersonen mit dem richtigen Vornamen nennen.
2) Rechnungsnummern, fortlaufend, sind zwingend.
3) Aufgliederung in Anzahl, Beschreibung und Einzelpreis schafft Übersichtlichkeit.
4) Die Zahlungsbedingungen sind an zentraler Stelle hervorgehoben. Die Formulierung setzt die 30-Tages-Frist für Verbraucher in Lauf. Der Hinweis auf den Eigentumsvorbehalt und die auf der Rückseite der Rechnung abgedruckten AGBs gehört hierher, damit der Verbraucher einen korrekten Hinweis erhält.
5) Ein verbindlicher Abschluss, bewusst nach den Zahlungsbedingungen positioniert.
6) Professionelle Briefköpfe enthalten alle gesetzlich notwendigen Angaben: Hier die Nummer der Handelsregistereintragung, um einen Handelsregisterauszug anfordern zu können, und den Namen des Geschäftsführers.
7) Umsatzsteueridentifikationsnummer

Rechnung an eine Firma

Computerhandlung AM TOR
– Inhaber: Ludwig Lenhoff –

Waldstr. 5
12340 Buchheim
Tel. 02610/32344-10
Fax 02610/32344-20
1) E-Mail: lenhoff@comphandlung-am-tor.de

Firma   Datum: 14. Februar 200X
Meier GmbH   2)   3) Auftrags-Nr.: 2400688
Im Hag 28   4) Verkäuferin: Beate Blasi
                                   5) Lieferdatum: 12. Februar 200X
22113 Oststeinbek   Lieferart: Versand

Rechnung Nr. 6744

Anzahl	Beschreibung	Einzelpreis	MwSt	Gesamt
1	Spindel 100 CDs	35,00 EUR	19 %	35,00 EUR
1	USB-Kabel	26,30 EUR	19 %	26,30 EUR
	Versandkostenpauschale			5,00 EUR
			Zwischensumme	66,30 EUR
			MwSt. 19 %	**12,60 EUR**
			Summe	78,90 EUR

6) **Zahlungsbedingungen:**
Bitte bezahlen Sie die Rechnung sofort, spätestens 10 Tage nach Zugang ohne Abzug.

Vielen Dank für Ihren Auftrag.

Ihre Computerhandlung AM TOR

Bankverbindung: Sparkasse Amberg, IBAN DE41 7525 0000 0190 2117 11, BIC BYLADEM1ABG
Amtsgericht Amberg, HRB 000
USt-IDNr. DE200200200, St.-Nr. 900/000/20099

1) Geben Sie alle Kommunikationsdaten an. Der Kunde soll sich aussuchen können, auf welche Weise er mit Ihnen in Kontakt treten kann. Rechnungen werden unter dem üblichen Briefkopf erstellt.

2) Korrekte Stammdatenpflege ist Voraussetzung, um Verzug auslösen zu können. Bei juristischen Personen auf die korrekte Firmenbezeichnung Wert legen.

3) Mit der Auftragsnummer erleichtern Sie Bestellern das Aufsuchen der eigenen Daten.

4) Geben Sie stets eine Ansprechperson an. Diese Person sollte unter der Telefonnummer erreichbar sein.

5) Die Angabe des Lieferdatums vereinfacht die Zuordnung beim Kunden.

6) Geschäftskunden brauchen keinen Hinweis auf die 30-Tage-Frist, die einseitige Verkürzung der Zahlungsfrist ist eine zulässige Mahnung.

3 Mit Schuldnern umgehen

Wie man mit Schuldnern umzugehen hat, glauben wir alle, bestens zu wissen. Schließlich sind wir nicht nur Gläubiger, sondern regelmäßig auch selbst Schuldner. Es kommt uns deswegen gar nicht in den Sinn, dass sich die Schuldner, mit denen wir es als Gläubiger zu tun haben, anders verhalten könnten, als wir selbst es als Schuldner tun. Wir setzen als selbstverständlich voraus, dass alle Schuldner sich anständigerweise so verhalten, wie wir selbst glauben, dass sich Schuldner verhalten müssen.

Diese Erwartung steht aber im krassen Gegensatz zu unseren täglichen Beobachtungen, was uns zum Nachdenken reizen könnte: Wir bezahlen als Schuldner pünktlich. Unsere professionelle Aufgabe besteht aber darin, mit Schuldner umzugehen, die das Gegenteil tun. Natürlich wissen wir, dass die meisten unserer Kunden sich so verhalten, wie wir es von ihnen erwarten. Aber an unserem Arbeitsplatz haben wir es zumeist mit Leuten zu tun, für die das Gegenteil unserer Erwartungen normal zu sein scheint.

Was hält uns davon ab, rasch zu lernen, was hinter dieser überraschenden Verhaltensweise mancher Schuldner steckt? Wie reagieren **Sie** eigentlich, wenn sich jemand nicht so verhält, wie **Sie** es von ihm erwarten? Häufig haben wir alle für eine solche Situation die gleiche Reaktion parat. Unser soziales Verhalten sieht dafür einen Korrekturmechanismus vor, den wir über Ärger auslösen. Unser Ärger über etwas, das nicht so klappt, wie es sollte, treibt uns an, solange korrigierend einzugreifen, bis sich die andere Seite entsprechend der Norm verhält.

Solange wir uns ärgern, fehlt uns aber der Anreiz, über das für uns provozierende Verhalten des anderen etwas zu lernen. Unser Fokus liegt nämlich ganz darauf, den anderen zu einem normgemäßen Verhalten zu veranlassen. Das ist die Lernfalle, die uns davon abhält, mehr über die Welt unserer Schuldner zu erfahren.

Tipp:
Wer aufhört, sich über Schuldner zu ärgern, kann anfangen, sie kennenzulernen.

Um das Verhalten von Schuldnern besser verstehen zu können, sollten Sie sich zunächst klarmachen, dass Schuldner und Gläubiger unterschiedliche Erwartungshorizonte haben.

3.1   Erwartungshorizont des Gläubigers

Der Gläubiger einer Geldforderung erwartet, die Zahlung ohne Mahnung zu erhalten. Weil er selbst fristgerecht bezahlt, unterstellt er bei einer Zahlungsverzögerung gerne ein Versehen. Weil das jedem passieren kann, bemüht er sich unaufdringlich, einen freundlichen Hinweis zu geben. Deswegen wird die erste Mahnung häufig entgegenkommend mit **Zahlungserinnerung** überschrieben.

Wer seine Rechnungen selbst stets pünktlich bezahlt, tut sich schwer damit, einem Schuldner gezielte Zahlungsverzögerungen zur Zinsersparnis zu unterstellen. Er rechnet schlechterdings nicht damit, dass der eine oder andere Schuldner aufgrund aktueller Liquiditätsprobleme gar nicht in der Lage sein könnte, die offene Rechnung **jetzt** zu bezahlen.

3.2   Erwartungshorizont des Schuldners

Natürlich vergessen Schuldner einfach einmal, eine Rechnung zu bezahlen. Über 50 % der Schuldner handeln aber vorsätzlich. Schließlich ist der Kredit beim Lieferanten erfahrungsgemäß zinslos und mit etwas Jonglieren lässt sich der Lieferantenkredit als kalkulierte Liquiditätsquelle einplanen.

Viele Schuldner haben sich auf das konkrete Mahnverhalten ihrer Gläubiger eingestellt. Dafür gibt es IT-gestützte Cash-Management-Programme. Manche Schuldner berufen sich auf die Zeit, in der zwei bis drei Mahnungen noch verkehrsüblich waren. Selbstbewusst berufen sie sich dann darauf, noch nicht oder nicht hinreichend gemahnt worden zu sein. Schnell kommt das Argument, man habe überhaupt keine Mahnung erhalten und sei daher nicht in Verzug. Ein Argument, von dem wir wissen, dass es heute nicht mehr gilt.

3.3 So sehen Gläubiger ihre Schuldner

Unser Verhalten wird von unseren Wertvorstellungen gesteuert. In unserer Gesellschaft haben sich gemeinsame Wertvorstellungen entwickelt, die wir immer wieder untereinander austauschen und bestätigen.

Wir bezahlen das, was wir kaufen, und zwar prompt. Es ist uns selbstverständlich und darüber wird nicht nachgedacht. Allenfalls bei einer großen Investition denken wir an eine Fremdfinanzierung. Auch dabei bewegen wir uns innerhalb unserer Normen. Wir beauftragen eine Bank mit der Zwischenfinanzierung und nehmen einen Kredit in Anspruch. Die Bank ihrerseits erwartet von uns die pünktliche, ratenweise Zurückführung des Kredites. Dass wir das tun werden, ist uns wiederum selbstverständlich und wird nur am Anfang kritisch hinterfragt, wenn wir prüfen, ob wir uns diese oder jene Ratenhöhe auch sicher genug leisten können. Notfalls, so überlegen wir, wird der Urlaub gestrichen.

Treffen wir mit diesen Normen auf einen Schuldner, der sich offensichtlich nicht nur anders verhält, sondern das Gegenteil in Ordnung findet, empfinden wir innere Ablehnung. Quelle dieser Emotion ist ein Steuerungsmechanismus, der immer dann anläuft, wenn wir etwas Ungehöriges hinnehmen müssen.

Sind mehrere Mitarbeiter mit Inkassoaufgaben betraut, kommt es zu einem Austausch darüber, wie „unmöglich sich manche Schuldner verhalten". Innerhalb dieser Gruppe entsteht die gemeinsame Überzeugung von der eigenen, anständigen Gläubigerwelt und der unanständigen Schuldnerwelt. Diese Unterscheidung beinhaltet dann auch die Folgeeinschätzung: „Wir machen es richtig, die anderen machen es falsch."

Mahnen wir mit dieser Einstellung, eskalieren unsere Mahnungen vom erhobenen Zeigefinger zur drohenden Faust. Unsere Mahnungen werden Hinweise mit abnehmender Freundlichkeit, die dem Schuldner klarmachen sollen, dass er endlich zu gehorchen und seinen ja auch gesetzlich normierten Verpflichtungen nachzukommen habe.

Diese Gläubigerwelt soll nicht ins Wanken gebracht werden. Sie ist in Ordnung, und ohne diese Normen und Werte – das wissen wir alle – würde unser Wirtschaftssystem nicht lange funktionieren. Es geht auch gar nicht darum, dass wir (auch als Inkassoprofis) unsere Normenwelt verlassen müssen. Aber es geht darum, Ausflüge in die Welt der Schuldner zu machen, die uns neue Ideen geben und neue Verhaltensweisen ermöglichen, die wir beruflich zusätzlich benötigen.

Es ist wie mit Auslandsreisen: Wir genießen die Exotik, passen uns für kurze Zeit, gewissermaßen zum Ausprobieren, den Ortsverhältnissen an und kehren bereichert nach Hause zurück. Wir übernehmen aber weder Normen noch Verhaltensweisen.

Tipp:
Wir können über die Schuldnerwelt lernen, ohne unseriös zu werden.

3.4   So sehen sich Schuldner selbst

Die Gläubigerwelt ist verhältnismäßig einfach strukturiert. Hier gibt es nur ein Motto: Pünktliches Zahlen ist anständig.

Die Schuldnerwelt ist völlig anders. Das Motto „Zahlen ist anständig" wird nicht einfach nur durch „Nichtzahlen ist anständig" ersetzt. Die Schuldnerwelt ist komplexer und vielfältiger. Das neue Motto heißt häufig: „Zahlen, so spät wie möglich." Vor sich hergeschobene Schulden sind wie ein ungenehmigter, aber in Anspruch genommener Kredit bei den Gläubigern. Weil kein Gläubiger freiwillig mitspielt, muss der Schuldner dafür sorgen, dass sich die Gläubiger gegenseitig ablösen. Muss er also den einen Gläubiger bedienen, beschafft er das Geld, indem er einen anderen warten lässt.

Die Schuldnerwelt hält sich im Verborgenen. Das erste, was ein Schuldner lernt, ist das Sichverstecken. Sobald er seine Probleme oder seine Taktik offenbart – das hat er gelernt –, erhält er Druck statt Verständnis.

Beispiel: Unerfahrene Schuldner

Ein unerfahrener Schuldner, der nicht genügend Geld zum sofortigen Begleichen seiner Rechnungen hat, bezahlt auf alle Rechnungen 75 Prozent und wirbt in einem Begleitbrief um Verständnis. Die prompte Gläubigerreaktion werden Klagen sein.

Daraus lernt der Schuldner. Er zahlt deswegen im nächsten Lernschritt überhaupt keine Rechnung und verhandelt stattdessen tränenreich mit seinen

Gläubigern. Er wird einige ganz, einige nur teilweise befriedigen müssen. Aber am Schluss gibt es lauter zufriedene Gesichter. Der Schuldner hat also durch geschicktes Verhalten mehr erreicht als im Beispiel.

Bitte ärgern Sie sich darüber so wenig wie möglich. Das ist Praxis. Lernen Sie, Schritt für Schritt damit umzugehen, statt sich zu ärgern. Dann werden Sie zu den Gläubigern gehören, die ihre Rechnungen durchsetzen.

Da auch Schuldner an unserem gesellschaftlichen Leben teilnehmen, entwickeln sie ein zweigeteiltes Verhalten: Sie sind zuverlässig in ihrem alltäglichen sozialen Umfeld. Sie verhalten sich aber unzuverlässig gegenüber einigen und mit der Zeit gegenüber vielen Gläubigern.

Schuldner werden nicht als Schuldner geboren. Schuldner zu sein heißt nicht einfach, kein Geld zu haben. Viele wirklich arme Leute erleben wir als grundanständig und zuverlässig.

Ein „geschickter" Schuldner ist nicht einfach nur arm, sondern hat gelernt, mit dem System der Gläubiger umzugehen und sich Vorteile herauszuholen. Er hat auch gelernt, dass Gläubiger dieses Verhalten als unanständig einstufen. Er selbst empfindet es als clever.

Beispiel: Schuldnertaktik

Ein Schuldner könnte sich z. B. folgende Gedanken machen: Der Kaufmann verkauft ihm eine Ware zum doppelten Einkaufspreis. Er bezahlt diesen Preis, aber statt das Girokonto höchst teuer weiter zu überziehen, mit einer gewissen Verspätung.

Je weiter wir uns als Gläubiger in diese Schuldnerwelt eindenken können (ohne sie übernehmen zu wollen), um so erfolgreicher können wir beim Inkasso vorgehen. Probieren Sie den Übergang in die Schuldnerwelt doch einmal selbst aus:

Beispiel A: Schuldnerwelt

Sie besitzen fünfmal soviel Geld, wie die offenen an Sie gestellten Rechnungen ausmachen.

Es wäre recht unklug, diese Rechnungen nicht zu bezahlen. Bezahlen Sie nicht, steht Ihnen Ärger ins Haus. Haben Sie bezahlt, hat sich Ihr Geldvermögen nur um 20 Prozent reduziert, das kann man zur Vermeidung des Ärgers verschmerzen.

Beispiel B: Schuldnerwelt

Sie haben jetzt genau so viel Geld, wie die an Sie gestellten Rechnungen in der Summe ausmachen.

Bezahlen Sie, haben Sie keinen Ärger, aber auch kein Geld mehr. Bezahlen Sie nicht, haben Sie zwar Ärger, dafür aber noch Ihr Geld. Sie können wählen.

Beispiel C: Schuldnerwelt

Die an Sie gestellten Rechnungen belaufen sich insgesamt auf eine Summe, die doppelt so hoch ist wie Ihr Geldvermögen.

Bezahlen Sie die Hälfte Ihrer Rechnungen, haben Sie kein Geld mehr und Ärger mit der anderen Hälfte.

In dieser Situation kommt jeder auf die Idee, ob er nicht lieber ein wenig Geld zurückhalten und den etwas größeren Ärger, der ohnehin ins Haus steht, in Kauf nehmen sollte.

Diese Entwicklung nennen wir die **Schuldenspirale**. Das uns so selbstverständliche und anständige Verhalten, sofort zu bezahlen, wird immer weniger sinnvoll. Am Schluss ist das Verlassen unserer Normen für den Schuldner notwendiger Teil seiner Überlebensstrategie.

Tipp:
Schuldner werden nicht geboren, Schuldner lernen, sich optimal zu verhalten.

3.5 So sehen Schuldner ihre Gläubiger

Für Gläubiger sind ihre Schuldner recht ähnlich. Sie tun alle das Gleiche. Zuerst bezahlen sie nicht und dann haben sie häufig ähnliche Ausreden, die meistens nicht stimmen.

Anders für die Schuldner: Gläubiger verhalten sich höchst individuell. Es gibt weder ein festgelegtes Zeitraster, wann gemahnt wird, noch sind die Mahninhalte ähnlich. Manche mahnen häufig schriftlich, aber meinen es nicht so ernst. Andere greifen schnell zum Telefon. Von denen, die telefonieren, sind manche sehr distanziert, kalt und aggressiv. Andere zeigen Verständnis und fragen von vornherein nach den Gründen, warum nicht bezahlt wurde. Dann weiß man als Schuldner schon, was man erzählen muss.

Für einen Schuldner ist es also gar nicht einfach, aus der Vielzahl der Gläubiger und deren unterschiedlichem Verhalten die für jeden passende Abwehrtaktik zu finden.

> **Tipp:**
> Der Gläubiger muss sich beim Schuldner profilieren. Es gilt, die „Beauty-Show" der Gläubiger zu gewinnen.

3.6 Checkliste für Schuldner

Die folgende „Checkliste für Schuldner" soll weniger dem Schuldner, vielmehr Ihnen als Gläubiger dienen. Prüfen Sie beim Lesen der Checkliste:

- Wann kommt Ärger beim Lesen dieser Liste auf?
- Entdecken Sie eigene Nachlässigkeiten, die Ihren Ärger auf den cleveren Schuldner ausweiten?
- Wie gehen Sie mit diesem Ärger um?
- Gelingt es Ihnen, loszulassen, **um dazuzulernen**?

Checkliste für Schuldner

1. Stammdaten: Wer mich nicht kennt, kann mich nicht mahnen.

- Soll ich Vor- und Zunamen angeben? Besteht der Gläubiger wirklich auf dem Vornamen?
- Kleinere Unstimmigkeiten bei der Namensschreibweise und der Adresse halten von meinem Briefkasten unerwünschte Schreiben fern.
- Muss ich eigentlich die Adresse angeben, an der ich wirklich wohne? Manche Gläubiger sind auch mit dem Postfach oder der Adresse einer Freundin zufrieden.

2. Mahntaktik

- Wie lange hat es eigentlich gedauert, bis der Gläubiger die Rechnung geschickt hat? Er wird mit der ersten Mahnung vermutlich eher langsamer sein.
- Welchen Gläubiger kann ich wohl am ehesten warten lassen?
- Welche Gläubiger lassen sich mit den ersten Mahnungen am meisten Zeit? Sind das die gleichen, die sich auch schon beim Versenden der Rechnung Zeit gelassen haben? Welcher Gläubiger wird am ehesten bereit sein, noch länger zu warten?
- Kann ich schon aufgrund der ersten Mahnung ausrechnen, wann die zweite und dann wohl die dritte Mahnung kommen wird? Wie lange muss ich also voraussichtlich nicht mit einem Mahnbescheid rechnen?

3. Selbst aktiv werden

- Wird es jetzt langsam brenzlig? Wird es Zeit, dass ich selbst auf den Gläubiger zugehe, um aus dem 08/15-Verfahren auszusteigen?
- Habe ich eigentlich eine Rechnung bekommen? Fängt der Gläubiger vielleicht, wenn er mir die Rechnung noch einmal zuschickt, mit dem Mahnen von vorne an?
- Kann ich irgendwelche Unstimmigkeiten bei der Lieferung behaupten, die zu internen Nachfragen beim Gläubiger führen und damit die Wartezeit verlängern?
- Funktionieren eigentlich alle gelieferten Artikel so, wie ich es im besten Falle gerne hätte? Könnte ich nicht Verzögerungen durch eine Reklamation erzielen?
- Wenn das alles durch ist: Am Telefon bekomme ich am besten heraus, ob der Gläubiger entschlossen ist oder ob ich ihn mit Hinweisen auf meine bescheidene Situation noch zum Zuwarten bringen kann.
- Ist dieser oder jener Gläubiger vielleicht bereit, sich durch eine tränennahe Story zum Zuwarten bewegen zu lassen? Vielleicht nützt es, wenn ich ihm erzähle, dass meine Schuldner bei mir auch nicht bezahlen und ich deswegen einen Liquiditätsengpass habe.
- Fallen mir eigentlich noch einige neue kreative Argumente ein, warum ich nicht bezahlen sollte?
- Morgen, morgen nur nicht heute ... Verspreche ich doch einmal ein paar Teilzahlungen, dann kann der Gläubiger immer noch mahnen, wenn sie ausbleiben. Ich sollte aber unbedingt wegen der Zinshöhe verhandeln, damit er mir die Ratenzahlungsbereitschaft auch glaubt.
- Sollte ich vielleicht den Vertrieb anrufen und weitere Aufträge in Aussicht stellen, vor allem größere, und den Vertrieb bitten, die Mahnungen zu stoppen?
- Weiß ich eigentlich, was die SCHUFA und die anderen Auskunfteien über mich wissen? Sind auch alle älteren Daten nach Maßgabe des Datenschutzes wirklich gelöscht?
- Wäre ein Insolvenzverfahren eigentlich ein Schaden für mich?

3.7   Die letzten 100 Tage einer GmbH

Es hilft Ihrem Verständnis für Schuldner sehr, wenn Sie sich vorstellen, Sie würden selbst in die Insolvenz gehen und sich dafür einen Plan zurechtlegen. Nicht zuletzt aufgrund der heute hohen Zahl an Insolvenzen, hat sich die Haltung der Gesellschaft dazu verändert. Anders als früher gilt eine Insolvenz inzwischen häufig nicht mehr als ehrenrührig.

Im Vorfeld der Insolvenz herrscht das Prinzip Hoffnung. Der Unternehmer ist darauf fixiert, ein bestimmtes Ziel am Horizont zu erreichen. Er erhofft sich z. B. neue Aufträge von einer demnächst geplanten Messe oder er steht vor Verhandlungen mit neuen Geldgebern, die aber nicht morgen beginnen können. Bestimmte Maßnahmen zur Kostensenkung im Unternehmen sind schon getroffen, aber sie werden erst demnächst fruchten etc.

Es geht immer um das Gleiche: **Zeit gewinnen**

Weil längst alle Kreditlinien ausgereizt sind, gilt es, zulasten der Gläubiger zu sparen, um die letzte Zeit kurz vor dem Erreichen dieses oder jenes Ziels (noch einmal) zu überbrücken. Da heiligt dann der Zweck schon auch einmal die Mittel.

Bestimmte Gläubiger müssen unbedingt bedient werden. Dazu gehören in der ersten Phase die eigenen Arbeitnehmer. Wer seine Mitarbeiter nicht bezahlt, bremst sofort die Leistungsfähigkeit der Firma. Es entsteht Unruhe, die Kraft kostet.

Ebenfalls ohne Einschränkungen bedient werden müssen Materiallieferanten, von denen eine gewisse Abhängigkeit besteht. Wenn Liefersperren zu Produktionsverzögerungen und damit zu Umsatzeinbußen führen, sind Experimente in diesem kritischen Bereich lebensgefährlich.

Der Unternehmer geht also in der ersten Phase seine Gläubiger durch und entscheidet sich für einige Gläubiger, mit denen er eine Verzögerungstaktik fährt. Regelmäßig werden dies Lieferanten sein. In diesem Bereich kann mit zunehmender Cleverness einiges an Liquidität gewonnen werden. Nimmt die Liquidität weiter ab, wird der Lieferantenkredit aufgrund notwendiger Prozesskosten, Zinsen etc. dann recht teuer. Je mehr ein Unternehmen aber in die Klemme gerät, umso weniger wichtig sind ihm diese Kosten der Kreditierung. Sie müssen ja auch nicht sofort, sondern erst in der Zukunft bezahlt werden.

Nach dem Prinzip Hoffnung wird erwartet, dass man sich das dann vielleicht in Zukunft irgendwie besser leisten kann.

Bei weiter abnehmender Liquidität und erschöpftem Lieferantenkredit müssen weitere Gläubiger auf ihr Geld warten. Es sind dann Miet- und Leasingverträge an der Reihe. Auch hier führen Zahlungsstockungen erst zu einem mehr oder weniger schnellen Mahnverfahren. Ehe Herausgabeklagen ins Haus stehen, vergehen oft Monate. Im Rahmen gezielter Zahlungsverzögerungen kann der Schuldner außerdem herausbekommen, mit welchen Vermietern oder Leasinggebern er wie umgehen muss. Der eine oder andere wird Verständnis zeigen und bei Wiederaufnahme der Zahlungen bereit sein, die Rückstände erst einmal zu stunden.

Insgesamt befindet sich der Unternehmer aber unter zunehmendem Druck, weil sich immer mehr Lieferanten, Vermieter, Leasinggeber etc. um Zahlungen mit zunehmend härteren Bandagen bemühen.

Nimmt der Druck zur Liquiditätsbeschaffung derart zu, dann werden auch unwirtschaftliche Verkäufe sinnvoll, um noch größere Schäden zu vermeiden. Es kommt zu Notverkäufen weit unter Preis. Auch Material, das in naher Zukunft benötigt wird, wird weiterveräußert. Mit der Zeit wird dann alles, was verkaufbar ist und nicht unmittelbar gebraucht wird, weggegeben.

All dies hat sich inzwischen im eigenen Unternehmen herumgesprochen. Die Mitarbeiter sind gewarnt und wissen, dass eine Insolvenz möglich ist. Wenn jetzt Löhne verzögert oder nur teilweise ausgezahlt werden, kommt dies nicht mehr unerwartet. Über die Absicherung durch das Insolvenzausfallgeld von bis zu drei Monaten ist auch kein endgültiger Schaden zu befürchten.

Kann auch dadurch die weitere Verengung der Liquidität nicht gestoppt werden, nimmt man jetzt bleibende Schäden in Kauf. Die Produktion muss wegen Engpässen zurückgefahren werden. Notwendige und auch kurzfristig rentable Schritte können wegen der Knappheit der Ressourcen nicht gemacht werden. Das Unternehmen steht nun unmittelbar vor der Insolvenz.

Die letzten 100 Tage stellen sich als eine immer schneller drehende Schuldenspirale dar. Für die Gläubiger gilt: Nur wer am Anfang mit dabei ist und schnell handelt, hat noch eine Chance, zu seinem Geld zu kommen. Nur der Gläubiger, der die Verhaltensänderung des Kunden rechtzeitig erkennt, hat eine Chance.

4 Inkasso, ein abteilungsübergreifender Prozess

Zahlt der Kunde nicht pünktlich, wird die notwendige Reaktion selten als ein Teil der kundenorientierten Unternehmenskultur empfunden. Was dann zu passieren hat, ist Sache des Mahnbereichs, und damit letztendlich der Buchhaltung. Da „Nichtzahlen" eine Unsitte ist, fühlt man sich nicht herausgefordert, darauf mit Unternehmenskultur zu antworten. Das ist ein Kardinalfehler.

So entsteht eine künstliche Trennung zwischen der „guten" Kundenbetreuung durch den Vertrieb im Rahmen der kundenorientierten Unternehmenskultur und der Bearbeitung säumiger Kunden durch die Buchhaltung außerhalb dieser Unternehmenskultur. Deshalb wird die Buchhaltung aufgefordert, die Mahnungen nicht nur selbstverständlich effizient, sondern auch noch kundenschonend durchzuführen.

Da sich hinter dem Zahlungsverzug eines Kunden sowohl ein Betrugsfall wie eine Schlechtleistung des eigenen Unternehmens verstecken können, fällt dem Mitarbeiter, der über die Art der Mahnung entscheidet, eine schwierige Aufgabe zu. Die Folge ist Unsicherheit und ein vorsichtiges Herantasten an die Frage, warum denn der Kunde nicht zahlt. Das kostet Zeit, verursacht Aufwand und bremst die Effizienz des eigenen Mahnwesens. Zugleich herrscht Zeitdruck. Jeder Tag, der verstreicht, kostet nicht nur Zinsen, sondern vermindert auch die Wahrscheinlichkeit, bei einem wackelnden Kunden noch etwas zu erlösen.

Die Unternehmenskultur sollte deswegen nicht nur auf die Leistung am Kunden ausgerichtet sein, sondern auch das schnellstmögliche Verfahren bei nicht zahlenden Kunden umfassen. Während man gerne für zahlende Kunden Unternehmenskultur entwickelt, geschieht ihre Weiterentwicklung auf den nicht zahlenden Kunden in aller Regel nur aufgrund negativer Erfahrungen. Deswegen gilt:

Tipp:

Werten Sie jede verspätete Kundenzahlung aus und nutzen Sie sie als Chance für die Weiterentwicklung der Unternehmenskultur. Somit sorgen verspätet zahlende Kunden bei uns für einen Lerneffekt – ein „Geschenk", das wir annehmen dürfen.

Die Lerneffekte werden sehr schnell nicht auf die Buchhaltung, die das Mahnwesen betreibt, beschränkt bleiben. Sich mit den „Umgangsregeln gegenüber säumigen Kunden" zu beschäftigen, ist ein Gesamtauftrag an das Unternehmen.

Tipp:
Forderungsmanagement ist ein abteilungsübergreifender Prozess, der jeden im Unternehmen angeht.

Wir untersuchen im Folgenden, welche Aufgaben daraus für die Zusammenarbeit im Rahmen des Inkasso für die einzelnen Abteilungen des eigenen Unternehmens entstehen.

4.1   Bonitätsprüfungen bei Neukunden

Einen Neukunden zu gewinnen, ist nicht nur ein erstrebenswertes Ziel für jedes Unternehmen, sondern zugleich ein hohes Risiko. Forderungsverluste bei Neukunden sind um ein Vielfaches wahrscheinlicher als im Stammkundenbereich. Deswegen gilt:

Tipp:
Keine Belieferung eines Neukunden ohne Bonitätsprüfung.

Welchen Umfang die Bonitätsprüfung annimmt, hängt von der Höhe der Forderung und dem Risiko in der Branche ab. Nachdem aber selbst alle Versandhändler im Massengeschäft mit Kleinbeträgen routinemäßig eine Bonitätsprüfung vornehmen, gibt es keinen Grund, nicht zumindest die **hart negativen Schuldnermerkmale** abzufragen.

Hart negative Schuldnermerkmale sind:

- Abgabe der eidesstattlichen Versicherung
- Haftbefehle zur Abgabe der eidesstattlichen Versicherung
- Insolvenzantrag

Das wirklich grobe Netz der hart negativen Schuldnermerkmale dient nur dazu, zahlungsunfähige Personen als Neukunden zu vermeiden.

Sie erhalten diese Informationen Online je nach Anzahl der Abfragen etc. für wenige Euro unter folgenden Adressen:

- www.creditreform.de
- www.buergel.de
- www.selbstauskunft.net (D&B, Dun & Bradstreet Deutschland GmbH)

4.2   Monitoring bei A-Kunden

Fehlende Kundenzahlungen sind ein häufiger Insolvenzgrund für Lieferfirmen. Die Insolvenz eines Großkunden zieht unter Umständen die Insolvenz des Lieferanten nach sich.

Gerade lang dauernde, gute Geschäftsbeziehungen verleiten zu großzügiger Kreditgewährung, die sich auch über Jahre bewährt. Nicht selten erfährt der Lieferant als Letzter, wenn es bei einem Großkunden kritisch wird.

Bei Großkunden ist deswegen immer ein Frühwarnsystem aufzubauen. Außer der intensiven Beobachtung durch den Vertrieb gilt es dafür zu sorgen, dass Negativdaten automatisch und ohne Nachfrage zur Verfügung gestellt werden.

Bei der Vollauskunft über ein Unternehmen durch eine Wirtschaftsauskunftei beinhaltet deren Dienstleistungsportfolio regelmäßig auch die einjährige Nachmeldung eventuell auftauchender Negativdaten. Nach einer Vollauskunft sind Sie also für ein Jahr im automatischen Verteiler. Viele Unternehmen fragen deswegen regelmäßig einmal jährlich ihre A-Kunden bei einer Wirtschaftsauskunftei in dieser Form der Vollauskunft ab.

Sehr viel billiger funktioniert dieses Verfahren aber, indem Sie der Wirtschaftsauskunftei eine Liste Ihrer A-Kunden übergeben und eine jährliche Gebühr für diese automatische Überwachung aushandeln. Mit diesem Verfahren wird keine endgültige Sicherheit gewonnen, aber ein kostengünstiges, grobes Sicherheitsnetz gespannt.

4.3   Rechercheaufgaben des Vertriebs

Bonitätsprüfungen sind Aufgabe des Vertriebs. Stellen Sie z. B. durch einen Klick auf der Eingabemaske „Stammkunden" sicher, dass bei der Neuanlage eines Kunden keine Eingabe ohne Bonitätsprüfung möglich ist.

Mit der ersten Bonitätsprüfung zumindest auf hart negative Schuldnermerkmale ist die Aufgabe des Vertriebs aber nicht erledigt. Er ist für die fortlaufend überprüfte Einschätzung der Bonität des Kunden verantwortlich. Wo und wann immer Daten oder Informationen zugänglich sind, hat der Vertrieb sie auszuwerten. Dazu gehören alle Früherkennungszeichen einer möglichen Krise:

Krisenindikatoren

- Nicht erklärbare Personalwechsel in der Unternehmensleitung, aber auch auf anderen Ebenen: Oft versuchen gute Leute, ein sinkendes Schiff rechtzeitig zu verlassen.
- Auffällige Veränderungen bei den Lagerbeständen. Sich erhöhende Lagerbestände können auf Absatzschwierigkeiten hinweisen. Prüfen Sie in diesem Fall die Konkurrenzsituation hinsichtlich der Produkte Ihres Bestellers.
- Plötzliche Verminderungen der Lagerbestände können genauso interessant sein. Stecken dahinter Rabattverkaufsaktionen zur Liquiditätsbeschaffung, ist Vorsicht geboten.
- Veränderung des Bestellverhaltens:
  - Wer Kleinmengen bestellt, muss nicht in Schwierigkeiten sein. Wer aber sein Bestellverhalten zu Kleinmengen hin verändert, gleichzeitig so spät wie möglich bestellt und dann schleppend bezahlt, setzt Signale zur Überprüfung.
  - Das Gleiche gilt, wenn sonst regelmäßige Bestellungen ohne ersichtlichen Grund verzögert oder vom Umfang her reduziert werden. Der Vertrieb wird sehr schnell versuchen, gegenzusteuern. Ob er aber die Problematik auch unter dem Aspekt der Bonitätsprüfung und der internen Weitergabe der Information an den Inkassobereich sieht, ist fraglich und zu fördern.
  - Steigen umgekehrt die Bestellungen plötzlich an, kann dies am zurückgefahrenen Lieferantenkredit eines anderen Lieferanten liegen. Jede Veränderung im Bestellverhalten ist vom Vertrieb also nicht nur unter dem Blickwinkel des Umsatzes, sondern auch der Bonität des Bestellers zu beurteilen.
- Nicht ausgelastete Maschinenkapazitäten
- Aus Liquiditätsgründen vernachlässigte Bereiche im Gebäude- oder Maschinenmanagement oder sonstige dringend notwendige, aber unterbleibende Investitionen.
- Branchengerüchte
- Änderung von Bankverbindungen

Diese Anzeichen sind selten eindeutig und werden, soweit es eben geht, verschleiert. Außendienstmitarbeiter mit einem kritischen Auge suchen aber bei ersten Anzeichen gezielt nach Informationen, um warnen zu können. Selten sind einzelne Anzeichen für sich gesehen deutlich. Erst aus dem Zusammensetzen mehrerer Informationen ergibt sich ein vielleicht noch vages Bild. Fragt man dann weiter nach und untersucht vertieft, verdeutlichen sich manche Aspekte.

Der Vertrieb kennt solche Recherchearbeiten unter dem Blickwinkel möglicher Umsätze. Diese gute Nase für die Bonitätsbeurteilung einzusetzen, ist die neue zusätzliche Aufgabe.

4.4 Informationsaustausch in Mahnkonferenzen

Nur der mahnt erfolgreich, der alle zugänglichen Informationen einsetzt. Bei jeder Mahnung findet auch eine Risikoeinschätzung statt. Kann ich, darf ich, um das Kundenverhältnis nicht zu belasten, noch etwas zuwarten? Oder ist umgekehrt ein sofortiges Zufassen aus Risikogründen unumgänglich?

Die Risikoanalyse eines Kunden wird beeinflusst durch die Risikosituation in der Branche einerseits und spezifische Informationen über den Kunden andererseits.

Der Vertrieb sammelt zur Erfüllung seiner Aufgaben Informationen, die auch für die Risikobeurteilung wertvoll und meistens grundlegend sind. Deswegen hängt erfolgreiches Mahnen mit Fingerspitzengefühl von einem zeitnahen Informationsaustausch zwischen Vertrieb und Inkasso ab. Manches Mal haben sich solche Informationsroutinen für A-Kunden in der Praxis herausgebildet, ohne dass irgendwer sie bewusst installiert hat. Über bestimmte Kunden weiß eben einfach jeder Bescheid, weil sie wichtig sind.

Der informelle Austausch von Informationen ist auch auf weniger wichtige Kunden auszudehnen und bringt dann einen deutlichen Vorsprung im Hinblick auf die Mahnqualität.

Als sinnvoll haben sich dafür **Mahnkonferenzen** herausgestellt. Man trifft sich am besten wöchentlich zu einem festen Termin und bespricht die zur Mahnung anstehenden Kunden und die Mahnbeträge. Der Wochenabstand sorgt für kurze Reaktionszeiten und ein fester Termin wird im Gegensatz zum spontanen Austausch zu einer Institution.

Jede Mahnkonferenz sollte vorbereitet werden. Die zur Diskussion stehenden Mahnungen werden in einer Liste zusammengefasst, die dem Vertrieb drei Arbeitstage vor der Mahnkonferenz vorliegt.

Aufbau der Liste von „Kunden im Verzug"

- Nach dem Alphabet.
- Nach Produktbereichen, dann alphabetisch.
- Nach dem Alter der Forderungen (Ageing). Die älteste Forderung an die 1. Stelle, dann die zweitälteste usw.
- Nach der Forderungshöhe. Die höchste Forderung auf Position 1, die zweithöchste auf Position 2 usw.

Weitere Differenzierungen sind möglich, etwa nach Bundesländern, Vertriebskanälen oder dem Zuständigkeitsbereich einzelner Mitarbeiter. Keine Statistik ist aber besser als die daraus gezogene Konsequenz. In vielen Betrieben wird viel Papier produziert, aber nichts damit bewegt. Dann sollte man es lassen.

Die Listen ermöglichen es, Brennpunkte zu erkennen. Wird nicht nur eine Liste erstellt und verteilt, sondern alle vier Listen, ergeben sich aus der Kombination weitere Informationen. Das kann dazu anhalten, nach Fehlern zu suchen. Die ältesten Forderungen sind sofort namhaft und können sich nicht weiter verstecken. Sie fallen auch dann auf, wenn es sich nur um kleine Beträge handelt. Bei der Sortierung nach der Forderungshöhe werden Abarbeitungsprioritäten vorbereitet.

Die Vorlage drei Tage vor der Mahnkonferenz ermöglicht dem Vertrieb eine interne Recherche und evtl. sogar eine Kontaktaufnahme mit dem Kunden nach dem Motto: „Jetzt müssen wir gemeinsam etwas tun, der Druck steigt." Weil Mahnungen häufig Geschäftsanbahnungen stören, entwickelt der Vertrieb – so vorgewarnt – oft unerwartete Fähigkeiten, die Dinge rasch zu erledigen.

Neben dem Informationsaustausch dient die Mahnkonferenz auch der Abstimmung des Vorgehens. Der Vertrieb weiß dann, wo und mit welcher Intensität gemahnt wird, und kann sich darauf einstellen. Umgekehrt kennt der Inkassobereich für den Vertrieb besonders sensible Kunden oder Zeitpunkte.

Ob darauf Rücksicht genommen wird oder nicht, ist Diskussionsstoff der Mahnkonferenz.

Idealerweise ergeben sich aus diesen Besprechungen abgestimmte Vorgehensweisen: Der Sachbearbeiter aus dem Inkassobereich etwa mahnt telefonisch. Durch ein Kontrolltelefonat überprüft der Vertriebsmitarbeiter in den Tagen danach, ob und ggf. welche Situation durch die telefonische Mahnung geschaffen wurde. In einem zweiten Schritt kann dann nachgesteuert werden: War die Mahnung zu sanft, wird verschärft nachgemahnt. Hat die Mahnung unerwünschte Nebeneffekte in der Kundenbeziehung ausgelöst, kann über den Vertrieb, der ja die Hintergründe kennt, elegant geglättet werden.

Jede auf diese Weise gemeinsam durchgesetzte Zahlung fördert die Routine der Zusammenarbeit. Vertrieb und Inkasso lernen, trotz oft gegensätzlicher Sicht auf den Kunden, zusammenzuarbeiten, sich abzustimmen und sich die Bälle zuzuspielen. Erst wenn diese Zusammenarbeit wirklich funktioniert, wird das Inkasso effektiv und siegt über die unproduktive Entscheidung zwischen „hau' drauf" oder „zerknirscht zuwarten".

Leitfaden Mahnkonferenzen
■ Fester Teilnehmerkreis aus Inkasso und Vertrieb
■ Regelmäßige Sitzungen (Wochentakt)
■ Konferenz immer vorbereiten (vereinbarte Listen drei Tage zuvor zugänglich machen)
■ Konkrete Ergebnisse protokollieren, Durchschrift an die Geschäftsleitung, evtl. weitere Beteiligte (Techniker)
■ Ein abgestimmtes Vorgehen einüben und als Kultur des Unternehmens installieren

4.5 Checkliste: Inkassozusammenarbeit im Unternehmen

Forderungsmanagement als abteilungsübergreifender Prozess ist nicht nur eine Aufgabe von Vertrieb und Inkasso. Alle, die Kundenkontakt haben, können und müssen in diese Zusammenarbeit einbezogen werden. Die Qualität des Inkassos steht und fällt mit dem schwächsten Glied der Kette. Diese gegenseitige Zusammenarbeit im Forderungsmanagement muss nicht nur installiert, sondern fortlaufend gepflegt und weiterentwickelt werden. Es ist deshalb sinnvoll, auch

Techniker und Controller zeitweilig in Mahnkonferenzen einzubinden. Oft gibt es weitere Partner im Unternehmen, an die man gar nicht gedacht hat.

Beispiel: Partner für Inkassozusammenarbeit

- Hauswarte eines Vermietungsunternehmens
- Kundenbetreuer in einer Werbeagentur

Checkliste: Inkassozusammenarbeit

Fragen zur Stammdatenpflege und Bonitätsprüfung	ja	nein
Werden die Stammdaten der Neukunden so präzise erhoben, dass zielgerichtet Bonitätsabfragen und später Mahnbescheide gemacht werden können?	☐	☐
Gibt es zeitliche Verzögerungen, weil Stammdaten nicht mehr aktuell sind?	☐	☐
Kann jederzeit festgestellt werden, wer die Daten erfasst und wer sie eingegeben hat?	☐	☐
Werden alle Neukunden auf hart negative Inkassomerkmale durch eine Bonitätsabfrage untersucht?	☐	☐
Ist vonseiten der Software dafür gesorgt, dass keine Belieferungen ohne Bonitätsprüfungen erfolgen können?	☐	☐
Stellt die EDV sicher, dass schwarze Schafe auch dann erkannt werden, wenn sie unter veränderter Namensschreibweise, aber unter derselben Adresse bestellen?	☐	☐
Fragen zu den Kreditlimits	**ja**	**nein**
Werden Neukunden ohne Einschränkung beliefert oder gibt es ein Kreditlimit für die Erstbelieferung?	☐	☐
Werden die Kreditlimits dem Verhalten des Kunden im Guten wie im Schlechten angepasst?	☐	☐
Werden Veränderungen in den Kontodaten zeitnah erfasst und auf ihre Bonitätsrelevanz hin untersucht?	☐	☐
Fragen zum Kundenmonitoring	**ja**	**nein**
Werden Großkunden automatisch über eine Wirtschaftsauskunftei in Dauerbeobachtung gehalten?	☐	☐
Ist die Kreditwürdigkeit von Großkunden Thema der Beobachtung des Außendienstes?	☐	☐
Werden die Informationen unverzüglich und zielgenau gestreut?	☐	☐

Checkliste: Inkassozusammenarbeit		
Fragen zur Qualität der Zusammenarbeit von Vertrieb und Inkasso	ja	nein
■ Beobachtet der Geschäftsführer die Qualität der Zusammenarbeit und nimmt er Einfluss?	☐	☐
■ Schaltet sich der Geschäftsführer auch selbst ins Inkasso ein und gibt damit ein Vorbild?	☐	☐
■ Gibt es eine Atmosphäre der gemeinsamen Verantwortung von Vertrieb und Inkasso?	☐	☐
■ Empfindet der Vertrieb oder das Inkasso die andere Seite als behindernd?	☐	☐
■ Findet der Informationsaustausch nach festgelegten Regeln statt?	☐	☐
Fragen zur Qualität der Zusammenarbeit von Technik und Inkasso	ja	nein
■ Werden Techniker vor Kundenbesuchen über Zahlungsrückstände gebrieft?	☐	☐
■ Läuft der Informationsaustausch nach festgelegten Regeln?	☐	☐
■ Wird der Informationskanal der Techniker beim Kunden zu unseren eigenen Technikern für das Inkasso genutzt?	☐	☐
■ Werden Techniker einbezogen um etwa durch (zulässige) Verzögerungen Druck aufzubauen?	☐	☐
Sind Misserfolge ein Lernanreiz?	ja	nein
■ Werden uneinbringliche Kundenforderungen dahin gehend analysiert, wie der Ausfall hätte vermieden werden können?	☐	☐
■ Werden diese Analysen mit den anderen Beteiligten, insbesondere dem Vertrieb, erörtert und werden Konsequenzen daraus gezogen?	☐	☐
■ Werden berechtigte Zahlungsverzögerungen, die auf Schwachstellen im Unternehmen hinweisen, im Inkasso erkannt und weitergemeldet?	☐	☐
■ Nutzt der Geschäftsführer den Inkassobereich als Informationsquelle über Schwachstellen im Unternehmen?	☐	☐

4.6   In Bildern: Drei Modelle der Zusammenarbeit Inkasso–Vertrieb

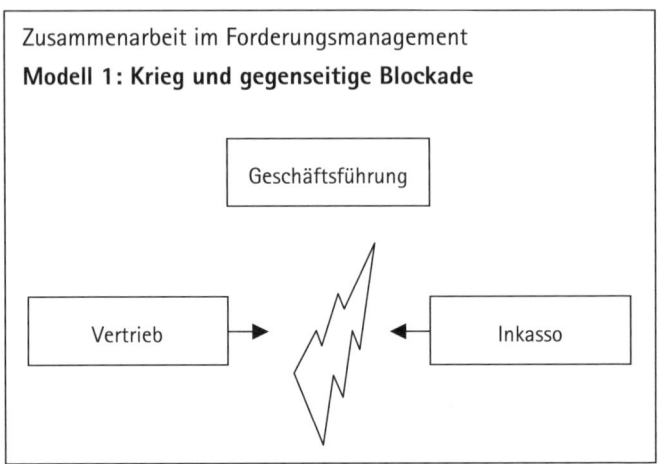

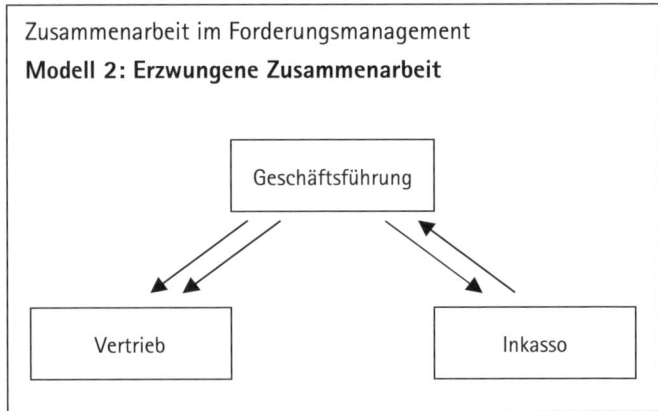

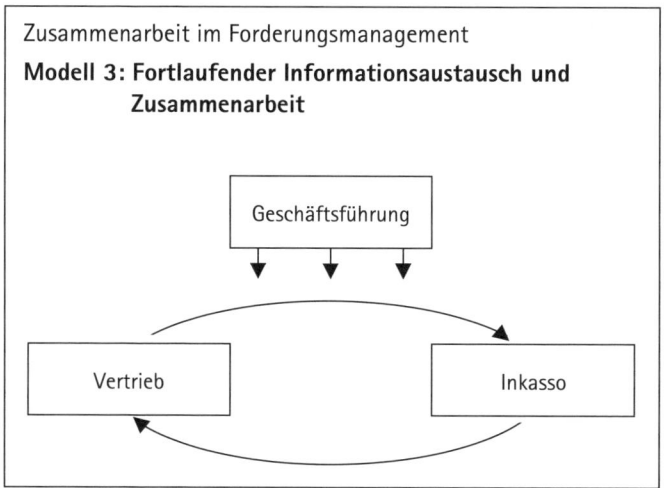

Zusammenarbeit im Forderungsmanagement

**Modell 3: Fortlaufender Informationsaustausch und
Zusammenarbeit**

Geschäftsführung

Vertrieb

Inkasso

5 / Ab wann mahnen?

Für den Schuldner gibt es vier Wege, in Verzug zu geraten:

a) Zahlungstermin vertraglich fest vereinbart → keine Mahnung notwendig.

b) Die gesetzliche 30-Tages-Frist läuft ab Rechnungszugang → keine Mahnung notwendig.

c) Die gesetzliche 30-Tages-Frist läuft nicht ab Rechnungszugang, weil für einen Verbraucher der Hinweis auf diese Frist unterblieben ist → Mahnung notwendig.

d) Keine Zahlungsfrist vereinbart. Die gesetzliche 30-Tages-Frist für die Bezahlung der Rechnung soll verkürzt werden → Mahnung notwendig.

Auch wenn in den Fällen a) und b) keine Mahnung mehr notwendig ist, wird in der Praxis gemahnt. Der Unterschied beschränkt sich darauf, dass im Fall b) die Mahnung so formuliert sein muss, dass sie den juristischen Anforderungen standhält. Das tut aber jede ordentliche Mahnung ohnehin, weil stets Fristen gesetzt sind und, um Nachdruck zu verleihen, eine Drohung dazugesetzt wird.

> **Tipp:**
> Mahnungen waren früher juristisch notwendig. Auch wenn sie heute wegen der gesetzlichen 30-Tages-Frist juristisch nicht mehr notwendig sind, werden sie noch gleich bezeichnet. Das ist ein Funktionswechsel unter gleichgebliebenem Etikett.

In der Praxis spricht man, ohne zu differenzieren, von einer Mahnung. Im Geschäftsalltag wird auch dann gemahnt, wenn dies rechtlich nicht mehr erforderlich ist. Selbst wenn eine Mahnung rechtlich nicht notwendig ist, reagieren Kunden sehr empfindlich, wenn sie aus ihrer Sicht zu früh gemahnt werden. Kommt eine Mahnung andererseits zu spät, wirkt sie schwach. Auf den richtigen, präzisen Mahnzeitpunkt kommt es an.

> **Tipp:**
> Verspätetes Mahnen rächt sich. Jeder Tag, den eine Mahnung zu spät eintrifft, entwertet sie → der frühestmögliche Mahnzeitpunkt ist so wichtig wie der Mahntext.

Wann endet eigentlich die gesetzliche 30-Tages-Frist für das Bezahlen einer Rechnung?

Auf das tatsächliche Fristende wirken in unterschiedlicher Weise mehrere Elemente, die bei der Fristberechnung berücksichtigt werden müssen:

■ Fristbeginn

Die Frist beginnt nicht am Tag der Zustellung der Rechnung, sondern am Tag **nach** der Zustellung.
Wird die Rechnung per Post verschickt, müssen deswegen die Postlaufzeiten hinzugerechnet werden. Das dauert innerhalb Deutschlands derzeit durchschnittlich 1,05 Tage. Nach zwei Tagen sind nach einer unabhängigen Studie 99 % aller Sendungen ausgeliefert.
Erstellen Sie die Mahnung also am Donnerstag und geben Sie den fertigen Brief noch am Donnerstag zur Post, wird er voraussichtlich am Samstag ankommen. Die Frist beginnt dann am Sonntag zu laufen.

■ Fristende

Die Frist endet am 30. Tag um 24 Uhr. Bis dahin muss der Kunde die Zahlung veranlasst haben. Falls das Fristende auf einen Feiertag, Samstag oder Sonntag fällt, läuft die Frist erst am nächsten Werktag um 24.00 Uhr ab.

■ Banklaufzeit

Der Kunde macht es noch richtig, wenn er am letzten Tag der 30-Tages-Frist bezahlt. Die Zeit, die die Banken benötigen, um die Überweisung auszuführen und das Geld dem Gläubiger gutzuschreiben, geht zulasten des Gläubigers. Rechnen Sie mit zwei Tagen Banklaufzeit. Verschickt der Kunde einen Scheck, was auch heute noch vorkommt, ist der Ausgang des Schecks mit der Abgabe zur Post am letzten Tag noch rechtzeitig. Dass der Gläubiger dann den Scheck noch einreichen muss, führt zu ein paar weiteren Tagen Zinsgewinn beim Kunden.

Beispiel: Fristberechnung

Die gesetzliche 30-Tage-Zahlungsfrist in der Praxis

Do.	20.03.14	Rechnungsversand	+ 3 Tage Postlaufzeit		
Sa.	22.03.14	Zugang der Rechnung			
So.	23.03.14	1. Tag der Frist			
			30-Tages-Frist		
Ostermon-tag	21.04.14	30. Tag der Frist, damit letzter Tag			Gesamtzeit: 38 Tage
Di.	22.04.14	Fristverlängerung wegen Feiertag 24.00 h Fristende, Zahlung per Banküberweisung	+ 1 Tag wegen Feiertag		
Mi.+Do.	23. + 24.04.14	Zeitdauer Banküberweisung	+ 2 Tage Banklaufzeit		
Fr.	25.04.14	Gutschrift auf dem Bankkonto			
Sa.+So.	26. + 27.04.14		+ 2 Tage Wochenende		
Mo.	28.04.14	Frühester Prüftermin			

Die gesetzliche 30-Tages-Frist hat also im Beispiel zu einer Frist von 38 Tagen bis zum 1. Mahnlauf geführt.

Nun können sich durchaus weitere Verlängerungen durch eine Verzögerung bei der Post oder bei der Bank ergeben, sodass aus den 38 Tagen auch 40 Tage und mehr werden können. Weil aber jeder Tag, den wir mit der Mahnung zuwarten, diese entwertet, ist die Übernahme dieses Risikos in Ordnung.

Sie können auch, um die Frist abzukürzen, **innerhalb der 30-Tages-Frist mahnen**. Wir schlagen Ihnen vor:

- Die Rechnung so schnell wie möglich zu versenden.
- Die 1. Mahnung genau einen Monat nach Rechnungsdatum zu verschicken.
- Beschweren sich Kunden, weil Sie angeblich zu früh gemahnt haben, nimmt man das hin.

Auf diese Weise erzielen Sie einen **monatlichen Mahnrhythmus**. So lässt sich ohne Rechnerei sofort sagen, dass eine Rechnung mit Datum 15.08. am 15.09. zur Mahnung ansteht, wenn nicht bezahlt wurde. Voraussetzung ist aber, dass Sie täglich Ihre Rechnungen überprüfen, die gerade einen Monat alt geworden sind. Wenn diese tagesgenaue Prüfung per EDV nicht möglich ist, ergeben sich weitere Verzögerungen.

> ### Beispiel: Ein Mahnlauf pro Monat
>
> Ein Mahnlauf pro Monat, jeweils am 10. des Monats. Gemahnt wird jede Rechnung, die älter ist als einen Monat.
> Der Mahnlauf vom 10.03. erfasst erstmals eine Rechnung vom 11.01., sodass diese Rechnung erst 2 Monate nach Rechnungsdatum in Mahnung geht.

Ein vierwöchiges Mahnintervall bedeutet also, dass eine Rechnung frühestens nach 4 Wochen, spätestens nach 8 Wochen angemahnt wird. Im Durchschnitt wird der 4-wöchige Mahnlauf dem Kunden also eine 6-wöchige Frist bis zur Mahnung einräumen.

> **Tipp:**
> Ein Kunde weiß nicht, warum Sie nicht mahnen. Auch wer nicht mahnt, setzt ein Signal. Kunden schließen aus verspäteten Mahnungen auf ein geringes Zahlinteresse und verhalten sich entsprechend.

Bedenken Sie immer wieder: Betrachten Sie alle Mahnvorgänge aus dem Blickwinkel des Schuldners. Wechseln Sie für einen Moment „ins gegnerische Spielfeld", um von dort zu betrachten, wie eine Maßnahme oder eben das Ausbleiben der Mahnung eingeschätzt werden könnte.

Übersicht: Tipps für schnelleres Mahnen

- Rechnung so schnell wie möglich nach der Leistungserbringung versenden. Jeder Tag zählt, am besten tagesgleich.

- Tagesgleiche Buchung aller Zahlungseingänge schafft die Sicherheit, beim Mahnen im Recht zu sein. Tagesgleiches Buchen ist die Voraussetzung für selbstbewusstes, schnelles Mahnen.

- Mahnläufe von einem Monat sind zu lange. Mahnläufe jede Woche sind üblich und relativ schnell. Am besten und durchaus bei großen Unternehmen die Regel sind tägliche Mahnläufe.

- Drängen Sie auf tägliche Mahnlisten.

- Arbeiten Sie die Mahnlisten am gleichen Tag ab. Gibt es Rückfragen, sollten Sie für alle Fall, für die die Mahnsituation eindeutig ist, bereits Mahnungen zur Post geben.

- Beachten Sie die Postzeiten. Manchmal erspart die direkte Anlieferung bei der Post zu bestimmten Zeiten einen Tag Postlaufzeit.

- Messen Sie anhand von 10 historischen Fällen, wie schnell Ihre Mahnungen wirklich nach Leistungserbringung bei Ihren Kunden angekommen sind (Mahndatum + Postlaufzeit).

6 Mahnabläufe organisieren

Bei der Kommunikation mit säumigen Kunden geht es darum, was Sie wie sagen. Genauso wichtig ist aber, wann Sie es sagen. Auch wenn Sie nichts sagen, hat dies Signalwirkung und ist Kommunikation.

> **Beispiel 1: Handwerkerrechnung**
>
> Ein Handwerker versendet seine Rechnung über 10.000 EUR erst sechs Monate nach Abschluss der Arbeiten. Er setzt in der Rechnung eine 10-Tages-Frist und mahnt zwei Wochen später.

Rechtlich ist dieses Verhalten nicht zu beanstanden. Gleichwohl werden die meisten Kunden empört reagieren. Sie haben über das zurückgelegte Geld eventuell anderweitig disponiert. Die kurzen Fristen widersprechen dem bisherigen Verhalten des Handwerkers, der es plötzlich sehr eilig hat, nachdem er zuvor lange Zeit nichts von sich hat hören lassen.

> **Beispiel 2: Nebenkostenabrechnung**
>
> Der Vermieter versendet pünktlich eine Nebenkostenabrechnung und setzt Zahlungsfrist von zwei Wochen. Seine 1. Mahnung versendet er 6 Wochen später.

Auch hier wird mancher Mieter überrascht reagieren, weil die kurze Frist in der Rechnung durch die lange Zeit bis zur 1. Mahnung relativiert wurde.

> **Tipp:**
> Zeitlicher Ablauf und Inhalt der Mahnungen müssen zusammenpassen, um optimale Wirkung zu erzielen.

6.1   Wie viele Mahnungen sind notwendig?

Rechtlich gesehen sind in vielen Fällen überhaupt keine Mahnungen notwendig, wie Sie in den vorherigen Kapiteln erfahren haben.

Früher galten drei Mahnungen als üblich. Viele Gläubiger haben zusätzlich eine 4., 5. und 6. Mahnung verschickt und geglaubt, dies sei effizient. Tatsächlich hat der eine oder andere Schuldner dann noch bezahlt. Gleichwohl war dieser Mahnablauf nicht nur unnötig aufwendig, sondern auch ein Zeichen mangelnder Tatkraft des Gläubigers. Heute gilt:

Tipp:

Mehr als drei Mahnungen sind unüblich, eine Mahnung reicht. Auf dem Weg dorthin versuchen viele Unternehmen in einem ersten Schritt, die 3. Mahnung einzusparen.

Verändern Sie Ihr bisheriges Mahnsystem nicht radikal, sondern langsam. Die Kunden haben sich nämlich auf das bisherige Vorgehen eingestellt und glauben (zu Unrecht), darauf einen Anspruch zu haben.

Beispiel: Weniger Mahnläufe

Eine Firma, die bisher 7-mal mahnte, stellte ihr Mahnwesen um, mahnte 3-mal und kündigte in der 3. Mahnung einen Mahnbescheid an. Einige Kunden reagierten empört, weil sie angeblich vom Mahnbescheid überrascht wurden.

Gehen Sie also eher langsam, aber konsequent und systematisch vor. Wer tatsächlich bis jetzt mehr als dreimal mahnt, sollte die 3. Mahnung so neu gestalten, dass dem Kunden auffallen muss, dass dies wirklich die letzte Mahnung ist und man ein gewohntes System deutlich beschleunigt hat.

Tipp:

Verkürzen Sie das Mahnsystem so, wie Sie eine Schraube anziehen: langsam und systematisch.

Reduzieren Sie im Laufe der Zeit auf weniger als drei Mahnschritte.

6.2 Den richtigen Mahnmix einführen

Wer nur schriftlich mahnt, schafft keine Beweise für den Rechnungs- oder Mahnzugang. Dazu ist ein Kontrolltelefonat notwendig, das diesen Beweis sichert. Zugleich ist ein Telefonat das intensivste Mahnmittel. Weil es aber auch zeitlich am aufwendigsten ist, wird es bei der Weiterentwicklung des Mahnwesens zunächst einmal **als letzter Mahnschritt** eingesetzt. Die Entwicklung Ihres Mahnwesens könnte also so aussehen:

Tag	Alter Mahnrhythmus	Tag	Neuer Mahnrhythmus Schritt 1	Zeitersparnis
0	Rechnung mit 2 % Skonto 30 Tage netto	0	Rechnung ohne Skonto 10 Tage Zahlungsfrist	mindestens 20 Tage
	Frist + 30 Tage		Frist + 20 Tage	
60	1. schriftliche Mahnung	30	1. schriftliche Mahnung	30 Tage
	+ 20 Tage		+ 10 Tage	
80	2. schriftliche Mahnung	40	2. schriftliche Mahnung	40 Tage
	+ 10 Tage		+ 10 Tage	
90	3. schriftliche Mahnung	50	telefonische Mahnung	40 Tage
	Gesamtdauer 90 Tage		Gesamtdauer 50 Tage	

Beurteilung:

Der alte Mahnrhythmus wurde um 40 Tage verkürzt. Ein schriftlicher Mahnschritt fiel weg. Der Mahnaufwand hat sich deutlich erhöht, weil die 3. Mahnung telefonisch ausgesprochen wird. Insgesamt zeigt sich ein neuer Stil, wie mit dem Kunden umgegangen wird. Konsequent werden kurze Fristen gesetzt, und es wird in kurzen Fristen überwacht. Dieses System ist in sich konsequent offensiv und wird von einem Kunden auch so wahrgenommen.

Hat sich der neue Mahnrhythmus ein Jahr lang bewährt und wurden mit den Mahntelefonaten gute Erfahrungen gemacht, bietet es sich an, den Rhythmus erneut zu verkürzen.

Tag	Neuer Mahnrhythmus Schritt 2	Tag	Neuer Mahnrhythmus Schritt 3	Zeit-ersparnis
0	Rechnung ohne Skonto 10 Tage Zahlungsfrist	0	Rechnung ohne Skonto 10 Tage Zahlungsfrist	keine
	Frist + 14 Tage		Frist + 5 Tage	
24	1. schriftliche Mahnung	15	schriftliche Mahnung mit Ankündigung eines Telefonats	9 Tage
	+ 11 Tage		+ 7 Tage	
35	telefonische Mahnung	22	telefonische Mahnung	13 Tage
	Gesamtdauer 35 Tage		Gesamtdauer 22 Tage	

Beurteilung:

Weitere Verkürzung um 13 Tage. Immer noch wird der telefonischen Mahnung eine schriftliche Mahnung vorangestellt. Die schriftliche Mahnung ist einfach billiger, weil sie von einer entsprechenden Software automatisch erstellt werden kann. Auch ein kurzes Telefonat, sofern man den Partner auf der anderen Seite sofort erreicht, dauert – um höflich zu sein – einige Minuten.

Mahnintensivierung

Wesentlich verkürzen können Sie die Mahnrhythmen nicht mehr. Sie können sie aber intensivieren.

Tag	Neuer Mahnrhythmus Schritt 4
0	Rechnung ohne Skonto, 10 Tage Zahlungsfrist
	Frist + 5 Tage
15	telefonische Mahnung
	+ 5 Tage
20	schriftliche Nachmahnung vor Lösen eines Mahnbescheids

Beurteilung:

Dieser Mahnrhythmus erzielt keine weitere Verkürzung, die wesentlich ist. Sie sind mit dem Kunden aber **sofort** im persönlichen Kontakt. Kündigt der Kunde eine Zahlung an, ohne sich daran zu halten, kann natürlich noch einmal telefonisch nachgemahnt werden. Hat der Kunde aber auf das erste Telefonat entgegen seiner Zusage nicht bezahlt, ist die Chance, dass er auf das zweite Telefonat bezahlt, gering. Weil das unverzügliche Lösen eines gerichtlichen Mahnbescheids aber eine harte Maßnahme ist, empfiehlt es sich, noch einmal kurz mit geringem Aufwand, d. h. schriftlich, zu mahnen.

6.3   Regelmäßig mahnen!

In der Praxis wird selten an einem bestimmten Tag gemahnt. Mahnen wird als eine Aufgabe unter vielen wahrgenommen und genießt eine niedrige Prioritätsstufe. Das ist aus der Sicht des Sachbearbeiters in der Buchhaltung verständlich. Schließlich passiert ja auch nichts, wenn die Mahnungen ein paar Tage später in die Post gehen.

Was dabei außer Acht gelassen wird, ist der Eindruck, der beim Kunden entsteht. Schuldner, die das Mahnverhalten austesten, nehmen solche Verzögerungen wahr und schließen daraus – durchaus richtigerweise –, dass die Sache keine erste Priorität genießt. Zu spät verschickte Mahnungen sind also ein Signal, das in sich widersprüchlich ist.

Die prompte Mahnung hat die höchste Erfolgschance. Sie signalisiert dem Schuldner einen präzisen inneren Ablauf.

Zeitliche Präzision ist vor allem bei Telefonaktionen schwierig. Wird der Kunde nicht erreicht und kann man ihm auch nicht auf den Anrufbeantworter sprechen, entsteht zu Unrecht der Eindruck, der Lieferant sei nicht aktiv. Wer den Kunden telefonisch nicht erreicht, sollte sofort schriftlich agieren und auf seinen Telefonversuch hinweisen.

6.4   Messen Sie es oder vergessen Sie es

Ob sich durch eine neue Art zu mahnen, etwas zum Guten wendet, hat man schnell im Gefühl. Wenn Sie die Veränderungen aber messen, wissen Sie exakt, warum dieses oder jenes Verfahren besser ist. Sie können dann auch die Ersparnisse im Zinsbereich dem konkreten Mehraufwand an Personalzeit gegenüberstellen. Messen Sie daher:

- Wie viel Prozent der Rechnungen werden pünktlich bezahlt?
- Wie viel Prozent der Rechnungen geraten in Verzug?
- Wie viel Prozent der Rechnungen im Verzug werden aufgrund der ersten, der zweiten, der dritten Mahnung bezahlt?
- Welche Veränderungen zeigen sich, wenn Sie den Mahnrhythmus verkürzen, einen Text verändern oder telefonisch mahnen?

Zählen Sie einfach von Hand aus, indem Sie 100 Rechnungsnummern historisch verfolgen. Wann der Kunde bezahlt hat, lässt sich leicht feststellen. Wenn Sie regelmäßig gemahnt haben, können Sie einfach feststellen, nach welcher Maßnahme die Zahlung erfolgt ist.

Natürlich wäre eine statistische Basis von 1.000 Rechnungen breiter. Beginnen Sie solche Messungen dennoch bereits mit 30 oder 50 Rechnungen. Sie erhalten so einen hinreichend genauen Eindruck und tasten sich an die regelmäßige messende Begleitung heran.

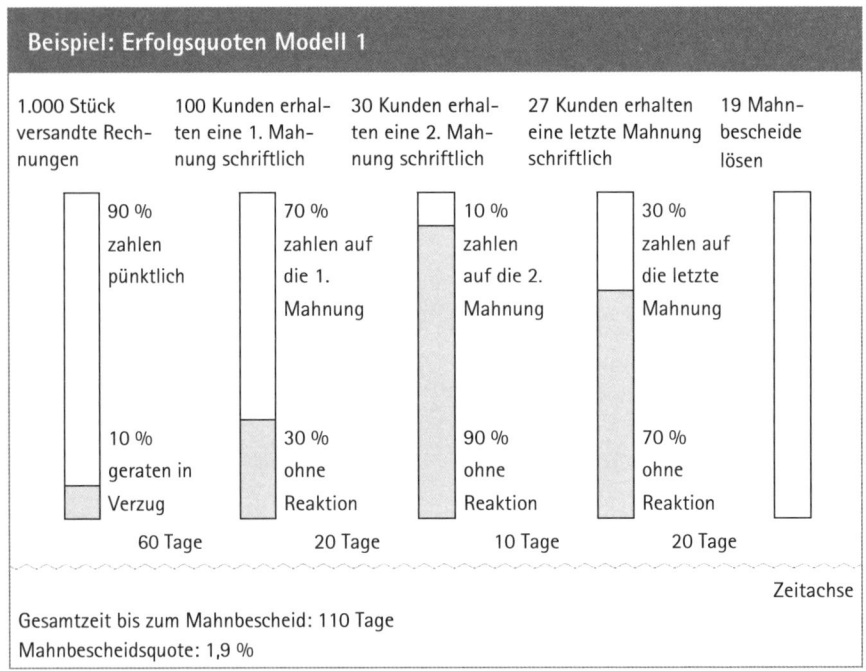

Beispiel: Erfolgsquoten Modell 1

| 1.000 Stück versandte Rechnungen | 100 Kunden erhalten eine 1. Mahnung schriftlich | 30 Kunden erhalten eine 2. Mahnung schriftlich | 27 Kunden erhalten eine letzte Mahnung schriftlich | 19 Mahnbescheide lösen |

90 % zahlen pünktlich   70 % zahlen auf die 1. Mahnung   10 % zahlen auf die 2. Mahnung   30 % zahlen auf die letzte Mahnung

10 % geraten in Verzug   30 % ohne Reaktion   90 % ohne Reaktion   70 % ohne Reaktion

60 Tage   20 Tage   10 Tage   20 Tage

Zeitachse

Gesamtzeit bis zum Mahnbescheid: 110 Tage
Mahnbescheidsquote: 1,9 %

Beurteilung:

Ein durchaus üblicher Mahnrhythmus mit langen Fristen bis zur ersten Mahnung. Wer spät mahnt, wird stets weniger Schuldner mahnen müssen, weil einige bereits bezahlt haben. Dieser Vorteil ist aber teuer erkauft.

Die ersten Mahnungen haben regelmäßig relativ hohe Erfolgschancen, gegen die die zweiten Mahnungen sehr abfallen. Die letzte Mahnung, die den Druck auf den Schuldner deutlich verstärkt, hat dagegen eine höhere Erfolgsquote, weil es für den Kunden deutlich wird, dass jetzt das kaufmännische Inkasso endet und gerichtliche Maßnahmen drohen.

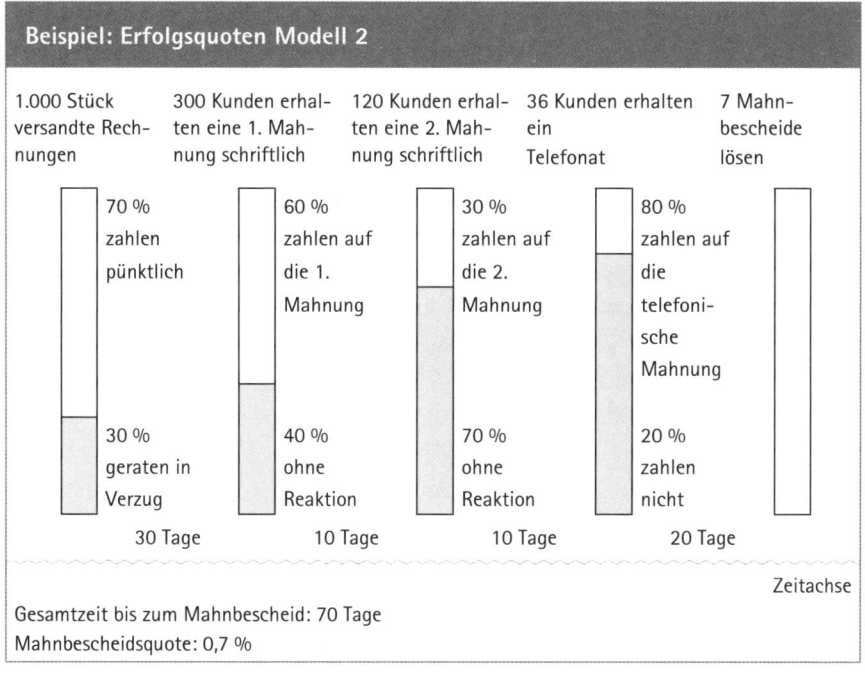

Beispiel: Erfolgsquoten Modell 2

1.000 Stück versandte Rechnungen	300 Kunden erhalten eine 1. Mahnung schriftlich	120 Kunden erhalten eine 2. Mahnung schriftlich	36 Kunden erhalten ein Telefonat	7 Mahnbescheide lösen
	70 % zahlen pünktlich	60 % zahlen auf die 1. Mahnung	30 % zahlen auf die 2. Mahnung	80 % zahlen auf die telefonische Mahnung	
	30 % geraten in Verzug	40 % ohne Reaktion	70 % ohne Reaktion	20 % zahlen nicht	
	30 Tage	10 Tage	10 Tage	20 Tage	

Zeitachse

Gesamtzeit bis zum Mahnbescheid: 70 Tage
Mahnbescheidsquote: 0,7 %

Beurteilung:

Das Modell entspricht dem neuen Mahnrhythmus Schritt 1. Weil die Zahlungsfrist auf 10 Tage verkürzt wurde, reduziert sich die Quote der pünktlich zahlenden Kunden. Es ist möglich, dass sich diese Quote einige Zeit nach der Neueinführung der kurzen Frist wieder erhöht. Sie wird aber geringer als beim Modell 1 bleiben.

Die Erfolgsquote der ersten schriftlichen Mahnung sinkt, weil sie exakt auf die 30-Tages-Frist versandt wird. Die Erfolgsquote der 2. Mahnung steigt, weil diese Mahnung einige Kunden anspricht, die bereit sind, kurz nach der 30-Tages-Frist zu bezahlen und meinen, der Lieferant müsse dies hinnehmen. Wegen der Verkürzung der Mahnzeit laufen gleichwohl mehr Verzugsfälle bei der 3. Mahnung auf, die jetzt per Telefon erfolgt. Die Erfolgsquote beim Telefoninkasso ist deutlich höher als bei einer schriftlichen Maßnahme. Deswegen sinkt die Anzahl der Mahnbescheide drastisch.

6.5   So sieht es in der Praxis aus

Natürlich wollen Sie wissen, was denn nun wirklich üblich ist. Wir wissen: Alle Vorschläge, die wir machen, werden nur so weit ausgeführt, wie der Glaube reicht, dass dies in der jeweiligen Branche oder von den eigenen Kunden auch akzeptiert wird. Es ist deswegen wichtig, dass Sie sich darüber informieren, wie Ihre Konkurrenten oder andere Lieferanten ihre Kunden mahnen. Erfahrungen sammeln Sie, indem Sie:

- es selbst ausprobieren. Bezahlen Sie doch einfach einmal zu Prüfzwecken Rechnungen nicht. Probieren Sie es bei einem kleinen Betrag auch einmal bis zum Mahnbescheid aus.

Wenn Sie dies aus Imagegründen nicht wollen, dann

- befragen Sie Lieferanten oder Konkurrenten nach ihrem Mahnsystem. Gehen Sie davon aus, dass dort im Zweifel eine ähnliche Unsicherheit über das Übliche herrscht. Manche Firmen haben sich aufgrund solcher Befragungen schon zum gemeinsamen Handeln entschlossen.

- Auch das gibt es in der Praxis: In einigen Fällen haben Lieferanten die Einführung eines intensiveren Mahnsystems mit einem Schulungsangebot an ihre Kunden verbunden. Diese Kunden sollten nicht nur selbst schneller zahlen, sondern lernen, wie sie ihrerseits die eigenen Kunden zum schnelleren Zahlen anhalten können. Solche vertikalen Initiativen erbrachten eine hohe Akzeptanz der Kunden für das neue System und regelmäßig beschleunigte Zahlungen.

Die Einschätzung, welcher Mahnrhythmus für die eigenen Kunden zuträglich ist, wird nicht nur branchenspezifisch, sondern auch innerhalb einer Branche höchst unterschiedlich eingeschätzt. Messungen sind aber selten.

- Besonders hoch entwickelte Mahnsysteme finden Sie im Bereich der Autoleasingbanken und Telekom-Unternehmen. In diesen Branchen entwickeln sich die Forderungen aufgrund der Dauerschuldverhältnisse rasant. Bleibt die Zahlung nicht nur im ersten, sondern auch im zweiten Monat aus, hat sich der Schaden häufig verdoppelt, während bei Einmalrechnungen lediglich Zinsaufwendungen eine Rolle spielen.

  Diese Unternehmen mahnen bereits im ersten Mahnschritt telefonisch über ein Callcenter. Dies ist vorbildlich und rechtfertigt den hohen Aufwand eben aus der beschriebenen Entwicklung der Schuldsituation.

- Firmen, die mehr als dreimal mahnen, sind keineswegs selten. Man weiß dann oft um diese Schwäche und bezeichnet die weiteren Mahnschritte nicht mehr mit Ziffern. Es gibt also keine 5., 6. oder 7. Mahnung. Es wird einfach die 3. Mahnung als letzte Mahnung mehrfach versandt. Keine Frage: Die Glaubwürdigkeit bleibt so auf der Strecke.

- Fortschrittliche Unternehmen bemühen sich um die Reduzierung der Mahnschritte von drei auf zwei, versuchsweise auf einen Mahnschritt. Die Einführung von Telefonmaßnahmen wird häufig erwogen, seltener versucht und nur in wenigen Fällen auf Dauer durchgeführt. Oft deshalb, weil geschultes Personal für diese Telefonate fehlt.

Fazit:

Die rechtlichen Möglichkeiten gehen sehr viel weiter, als sie in der Praxis genutzt werden. Für weitere Entwicklungen und eigene Versuche gibt es also viel Spielraum.

7 Ausredendatei

Unterhalten sich erfahrene Inkassosachbearbeiter über die Ausreden der Schuldner, entsteht schnell ein Wettlauf, wer sich die ausgefallensten Ausreden anhören musste. Schnell ist man sich aber auch darüber einig, dass es so viele wirklich neue und ausgefallene Ausreden gar nicht gibt. Die meisten Schuldnerausreden sind Standard und damit standardisierbar. Auf nahezu jede Ausrede gibt es eine dazu passende Antwort.

Die Ausreden stammen aus den Bereichen:

- Abwiegeln und vernebeln

- Kein Zahlungsanspruch

- Technische Probleme aller Art

- Kein Geld

7.1 Liste typischer Ausreden von Schuldnern

Nachfolgend zeigen wir Ihnen eine bunte Liste von Schuldnerausreden und passenden Antworten. Setzen Sie die Liste fort und katalogisieren Sie weitere Ausreden aus Ihrem Bereich. Beim Notieren machen Sie sich nämlich über die passende Antwort zu einem Zeitpunkt Gedanken, in dem Sie Muße haben und nicht unter dem Druck der direkten Kommunikation stehen.

Liste typischer Ausreden von Schuldnern		
Nr.	Ausrede	*Überlegung/Mögliche Antwort*
1	„Sie müssen erst mal (schriftlich) mahnen."	*Überlegung*: In den meisten Fällen reicht heute das Übersenden der Rechnung aus. Mahnen Sie nie ohne genau zu wissen, wo Sie juristisch stehen. Vgl. dazu Kap. 1 „Der Gläubiger mit Rechtskenntnissen setzt sich durch".
		Antwort: „Sie sind verpflichtet, auch ohne Mahnung innerhalb von 30 Tagen zu bezahlen. Dennoch rufen wir immer noch einmal an, ehe wir einen Mahnbescheid lösen."

Liste typischer Ausreden von Schuldnern

Nr.	Ausrede	Überlegung/Mögliche Antwort
2	„Ihr Verkäufer hat mir 60 Tage Zahlungsziel zugesagt."	*Überlegung*: Stimmt das, ist es rechtsverbindlich? Ob der Einwand berechtigt oder erfunden ist, lässt sich nicht sofort abklären. Also gehen wir zweistufig vor: Detailaufklärung und Nachhaken.
		Antwort: „Wer hat Ihnen das zugesagt?" „Wann hat er Ihnen das zugesagt?" „Soll das nur für diese Rechnung gelten oder generell?"
		Weiteres Vorgehen: Klären Sie die Behauptung mit dem Vertrieb **sofort** ab. Entweder hatten Sie eine interne Kommunikationspanne oder der Schuldner hat Sie an der Nase herumgeführt. Nutzen Sie in beiden Fällen Ihre Entrüstung, um zu deutlichen Worten zu finden: „So geht das nicht ..."
3	„Wir zahlen nur 2-wöchig. Sie sind für den nächsten Zahllauf vorgesehen."	*Überlegung*: Die Rechtslage ist eindeutig: Wenn der Schuldner im Verzug ist, müssen Sie nicht länger warten. Sie können Mahngebühren und Zinsen in Rechnung stellen und so erzieherisch wirken. Auch ein Mahnbescheid wäre in Ordnung. Je nach Wichtigkeit des Kunden lassen sich die meisten Gläubiger aber auf solche Verzögerungen auch ein. Darauf spekuliert die Schuldnerfirma.
		Antwort: „Darauf darf ich mich nicht einlassen und muss leider auf sofortiger Zahlung bestehen. Wir machen alle 10 Tage Mahnläufe für den Mahnbescheid und Sie wären das nächste Mal mit dabei. Das wollen wir natürlich nicht. Also bitte bezahlen Sie sofort." *Oder*: „ ... aber die Mahngebühren und Zinsen kann ich Ihnen nicht erlassen. Das ist ja nicht viel, ich schicke Ihnen dann eine Abrechnung, wenn Ihre Zahlung da ist." *Oder* nur: „Wann genau wird Ihr Zahllauf sein? Wann wird dann der Betrag bei mir vorliegen, damit ich mir die Rechnung auf Wiedervorlage legen kann?"

Liste typischer Ausreden von Schuldnern		
Nr.	Ausrede	*Überlegung/Mögliche Antwort*
4	„Ja, die Rechnung ist zur Zahlung dran. Ich muss aber vorher noch Finanzamt und Strom bedienen, also in 2 Wochen wird's gehen."	*Überlegung*: Eine recht nonchalante Mitteilung, dass wir die „Beauty-Show" der Gläubiger noch nicht gewonnen haben. Die erfolgreicheren Konkurrenten werden benannt.
		Antwort: „Was machen denn der Stromkonzern und das Finanzamt besser als wir, dass Sie dort bezahlen?" *Oder*: „Es ist sicher billiger den Strom und das Finanzamt noch einmal zu schieben als uns."
		Überlegung: Prüfen Sie, wie stark Sie wirklich sind und welche Möglichkeiten Sie einsetzen können. Eventuell kommen infrage: ▪ Liefersperre setzen, ▪ Eigentumsvorbehalt geltend machen und damit den Vertrag rückabwickeln, ▪ Imageschaden für den Schuldner durch Abgabe an ein Inkassoinstitut, ▪ Kostenfolgen für den Schuldner, wenn ich die Sache zur anwaltlichen Mahnung abgebe.
5	„Ich brauche zuerst eine neue Rechnung mit der korrekten Rabattausweisung, vorher darf ich nicht bezahlen."	*Überlegung*: Klären Sie ab, ob tatsächlich Rabattzusagen in der Rechnung unzutreffend wiedergegeben wurden. Jede Unkorrektheit des eigenen Unternehmens taucht irgendwann einmal als Problem im Inkasso auf. Gewöhnen Sie Ihr Unternehmen daran, dass Ihre internen Reklamationen ein Training sind, um besser zu werden. Der Schuldner könnte gleichwohl den korrekten Rabatt sofort abziehen. Er braucht dafür keine neue Rechnung, weil er weniger bezahlt als die Rechnung ausweist. Möglicherweise hofft er darauf, mit dem Zahlen dann nach der neuen Rechnung weitere 30 Tage warten zu können.
		Antwort: „Das mit dem Rabatt muss ich mit dem Vertrieb abklären. Dafür brauche ich bis morgen Nachmittag. Kann ich Sie morgen Nachmittag wieder erreichen? Bitte erkundigen Sie sich noch einmal wegen der neuen Rechnung. Ich meine, Sie können einfach den korrekten Rabatt abziehen. Eine neue Rechnung würde uns beiden unnötig Aufwand machen."

Liste typischer Ausreden von Schuldnern		
Nr.	Ausrede	*Überlegung/Mögliche Antwort*
6	„Ich bin nicht zuständig."	*Überlegung*: Manches Mal ist es schwer, den zuständigen Partner sofort zu erwischen. Ob die andere Seite auf Zeit spielt, merken Sie daran, ob Ihnen schnell und erfolgreich weitergeholfen wird. Machen Sie deswegen Ihren Gesprächspartner dingfest, um auch bei ihm ggf. noch einmal nachfragen zu können, wenn Sie in die Wüste geschickt werden.
		Antwort: „Wo bin ich denn jetzt gelandet? Wie war noch einmal Ihr Name? Wofür sind Sie zuständig? Wer ist für den Vorgang zuständig? Wann und wie erreiche ich Sie? Bis wann erreiche ich Sie für Rückfragen?"
7	„Davon habe ich keine Ahnung, das macht mein Mann."	*Überlegung*: Kann schon sein, nutzen wir die Einlassung, um den Druck zu erhöhen.
		Antwort: „Kann ich Ihren Mann an seiner Arbeitsstelle erreichen?" „Darf ich Sie um die Handynummer Ihres Mannes bitten?" „Können Sie dafür sorgen, dass Ihr Mann mich in der nächsten Stunde zurückruft?"
8	„Ich kann den Vorgang nicht finden."	*Überlegung*: Manche Schuldner sind wirklich schlecht organisiert. Fragen Sie genau nach und veranlassen Sie präzise Angaben zum Problem und wann es behoben werden kann.
		Antwort: „Wie suchen Sie denn? Gibt es noch andere Möglichkeiten? Wie kann ich Ihnen beim Suchen helfen?" „Bis wann, glauben Sie, können Sie das Problem lösen? Darf ich Sie bitten, mich dann bis um .... Uhr zurückzurufen?"
		Weitere Überlegung: Je detaillierter Sie fragen, umso mehr Engagement demonstrieren Sie. Je präziser Sie das weitere Vorgehen absprechen, umso mehr hinterlassen Sie den Eindruck, dass in Ihrer Mahnabteilung exakt, zeitgenau und ohne Lücken gearbeitet wird. Mit diesem Eindruck verstärken Sie die Wahrscheinlichkeit, dass man Sie ernst nimmt und bedient.

Liste typischer Ausreden von Schuldnern		
Nr.	Ausrede	*Überlegung/Mögliche Antwort*
9	„Diese Rechnung müsste bezahlt sein."	*Überlegung*: Ein billiges Abwiegeln, das mit präziser Nachfrage gut zu kontern ist.
	Oder: „Das habe ich eben bezahlt."	*Antwort*: „Wie haben Sie bezahlt?" Wenn überwiesen wurde: „Von welchem Konto und auf welches Konto haben Sie bezahlt? Wann müsste das Geld dann Ihrer Meinung nach bei uns eingehen?" „Ich lege mir den Vorgang damit auf den .... auf Wiedervorlage. Bitte bezahlen Sie künftig innerhalb der 30-Tages-Frist. Wir sparen uns beide damit viel Arbeit."
10	„Ich habe keine Rechnung vorliegen."	*Überlegung*: Ohne Rechnung kein Verzug. Schicken Sie die Rechnung also noch einmal und bestehen Sie darauf, dass dann sofort bezahlt wird. Bekanntlich können Sie die 30-Tages-Frist auch einseitig verkürzen. Vgl. Kap. 1 „Der Gläubiger mit Rechtskenntnissen setzt sich durch"
		Antwort: „Komisch, das ist die erste von 1.000 Rechnungen, die nicht ankam. Bitte geben Sie mir Ihre Faxnummer, ich faxe Ihnen die Rechnung gleich noch einmal. Ich möchte aber, dass Sie die Rechnung dann sofort bezahlen. Bis wann können Sie das dann erledigen?"
11	„Tut mir leid, ich bin arbeitslos geworden und habe gerade kein Geld."	*Überlegung*: Wer frisch arbeitslos wurde, steckt oft plötzlich bis zum Hals in Problemen. Arbeitslosigkeit ist aber auch ein häufiger Grund für private Insolvenzen. Wer zuwartet, riskiert viel.
		Antwort: „Das tut mir leid für Sie, da haben Sie jetzt sicher eine Menge Probleme. Wann sind Sie arbeitslos geworden? Haben Sie schon einen Antrag auf Arbeitslosengeld gestellt? Bis wann rechnen Sie mit einer Nachzahlung? Wer könnte Ihnen sonst noch helfen? Bei uns bezahlen Sie enorm hohe Verzugszinsen und ich habe sehr strenge Weisungen. In welcher Höhe können Sie sofort einen Abschlag bezahlen?"
		Weitere Überlegung: Arbeiten Sie mit kurzen Zeitintervallen, schnellen Teilzahlungen und bleiben Sie dran. Diese Ausrede sollte Sie anspornen. Fordern Sie aus der Nachzahlung einen möglichst großen Teilzahlungsbetrag.

Liste typischer Ausreden von Schuldnern

Nr.	Ausrede	Überlegung/Mögliche Antwort
12	„Ich kann momentan nicht. Ich habe viel Geld bei meiner Scheidung verloren."	*Überlegung*: Scheidungen führen häufig zu Engpässen, selten aber zur Insolvenz. Erkundigen Sie sich genauer und stellen Sie Fragen nach Einzelheiten. Dieses Fragen in den privaten Bereich hinein fällt meist schwer.
		Antwort: „Wann war denn Ihre Scheidung? Zahlen Sie hohen Unterhalt oder ging es um eine Abfindung?" „Sind alle Zahlungen schon erfolgt? Haben Sie sonst noch weitere Gläubiger?" „Wie stellen Sie sich selbst die Lösung vor?" „Sind Sie sich darüber im Klaren, dass der Kredit bei uns der teuerste ist, den Sie in Anspruch nehmen können?"
13	„Kann nicht zahlen, muss Milch für meine Kinder kaufen."	*Überlegung*: Eine ziemlich platte und aggressive Ausrede. Es wird unterstellt, dass eine weitere Forderung Kinder hungern lässt. Vor diesem Hintergrund soll der weitere Verzug wie selbstverständlich erscheinen. Antworten Sie also ebenso offensiv.
		Antwort: „Mit dem Milchgeld können Sie die Forderung auch nicht abdecken. Womit haben Sie gedacht, können Sie bezahlen, als Sie bestellt haben? Oder haben Sie gar von vornherein gewusst, dass es nicht gehen wird?"
14	„Mein Mann ist im Krankenhaus."	*Überlegung*: Eine einfache Katastrophenmeldung mit unklarer Zielrichtung. Dagegen hilft Empathie und Präzision.
		Antwort: „Um Gottes willen, ich hoffe, nichts wirklich Schlimmes. Ja haben Sie denn keine Kontovollmacht?" „Vielleicht hat die Bank für Ihre besondere Situation ja Verständnis und bezahlt auch ohne Kontovollmacht, wann probieren Sie es?" „Wenn Sie Ihren Mann heute besuchen, können Sie ihm ja auch einen Überweisungsträger mitnehmen und ihn unterschreiben lassen." „Bis wann ist also die Überweisung sicher erledigt?"

Liste typischer Ausreden von Schuldnern		
Nr.	Ausrede	*Überlegung/Mögliche Antwort*
15	„Es geht erst in 4 Wochen. Wir haben selbst hohe Außenstände. Sie wissen schon, die Leute bezahlen einfach sehr schleppend."	*Überlegung*: Die Begründung ist ohne rechtliche Relevanz. Sie sucht aber geschickt nach Verständnis, weil man ja im selben Boot sitzt und ein paralleles Problem hat. Diese Taktik ist psychologisch sehr erfolgreich. Die meisten Gläubiger haben hier einen wunden Punkt. Manche knicken ein und geben voller Verständnis nach. Tun Sie das Gegenteil und drehen Sie das Argument um.
		Antwort: „Das ist schon ein Problem. Wir haben es seit einem Vierteljahr aber endgültig gelöst. Wir rufen die Schuldner einmal an und wenn dann nicht sofort bezahlt wird, machen wir einen Mahnbescheid. Probieren Sie es, es klappt!" *Und*: „Treten Sie mir doch eine Forderung ab, die höher ist als unsere. Wir werden uns dann bei Ihrem Schuldner melden. Wir haben da ja weniger Rücksicht zu nehmen als Sie."
		Weitere Überlegung: Eine Abtretung schafft selten Sicherheit, weil Forderungen meistens schon an eine Bank abgetreten sind und in jedem Falle eher die schwierigen Forderungen abgetreten werden. Die Offenlegung von Abtretungen versucht ein Schuldner aber zu vermeiden, weil er gegenüber seinem Kunden einen Liquiditätsengpass offenbart, der bei den nächsten Preisverhandlungen ausgenutzt werden könnte. Unser sich freundlich anhörendes Angebot wirkt also wie eine versteckte Drohung.
16	„Ich kann gerade nicht zahlen, wir hatten einen IT-Ausfall."	*Überlegung*: Ein durchaus alltägliches Problem, das unsere Solidarität hervorrufen soll. Ist es uns doch allen schon so ergangen! Größere Verzögerungen können dadurch aber nicht entstehen, weil die Lösung des Problems existenziell ist.
		Antwort: „Kenne ich, kommt bei unseren Kunden inzwischen immer häufiger vor. Schicken Sie mir doch einen Scheck." *Oder*: „Schlimm für Sie, herumsitzen und warten zu müssen. Wann war der Ausfall? Wie lange arbeitet Ihre Wartungsfirma bereits? Welche Zusagen haben Sie, bis wann das Problem gelöst ist? Bis wann führen Sie die Zahlung also aus? Kann ich mich darauf verlassen, dass Sie mich bis am .... anrufen, wenn weitere Verzögerungen entstehen sollten?"

Liste typischer Ausreden von Schuldnern		
Nr.	Ausrede	*Überlegung/Mögliche Antwort*
17	„Wir haben die Ware nicht bekommen."	*Überlegung*: Ein rechtlich relevanter Einwand. Sie müssen den Ablieferungsnachweis führen. Der Nachweis sollte Ihnen sofort möglich sein.
		Antwort: „Das erstaunt mich aber. Warten Sie, ich schaue gerade … Ja, die Lieferung ist Ihnen durch die Spedition Heißer Reifen am 16.09. um 10.00 Uhr übergeben worden. Wollen Sie noch mal nachfragen? Können wir vereinbaren, dass Sie mich dann gegen Mittag zurückrufen, wenn Sie den Eingang gefunden haben? Können Sie bis dahin auch alles Weitere klären, sodass die Rechnung sofort bezahlt wird?"
18	„Wir haben die Ware zurückgeschickt."	*Überlegung*: Ein rechtlich relevanter Einwand, der lediglich auf seinen Wahrheitsgehalt zu prüfen ist. Die Rückgabeberechtigung prüft der Verkauf ggf. in eigener Zuständigkeit.
		Antwort: „Aha, ich habe hier noch keinen Wareneingang. Wann und wie haben Sie zurückgesandt? Gibt es einen Mängelbericht von Ihrer Seite oder haben Sie mit unserem Verkauf deswegen telefoniert? Wann und mit wem?"
		Weitere Überlegung: Fragen Sie bei jedem Einwand und aus Prinzip nach. Je engagierter und präziser Sie es tun, umso größer der Abschreckungseffekt. Mancher Schuldner hat schon plötzlich eingelenkt: „Oh nein, tut mir leid, da sehe ich gerade, das betraf gar nicht Ihre Rechnung, das war ein anderer Vorgang, tut mir leid."
19	„Die Rechnung ist noch nicht geprüft."	*Überlegung*: Der Einwand ist selten rechtlich tragfähig. Verzögerungen gehen zulasten des Schuldners. Dieser Einwand ist aber im Baubereich häufig und der Gläubiger will es sich mit dem prüfenden Architekten nicht verscherzen.
		Antwort: „Sie sind in Verzug. Das war keine besonders große Rechnung und um zu prüfen und zu zahlen reichen die 30 Tage allemal. Also bis wann?" *Oder*: „Ich weiß, manchmal sind die Architekten recht langsam. Haben Sie die Prüfung schon angemahnt? Wann? Bis wann wird er es wohl erledigt haben, wenn Sie ihn jetzt noch einmal mahnen? Bitte bezahlen Sie trotzdem sofort einen Abschlag in Höhe von ..... Darauf müssen wir bestehen, weil Sie ja in Verzug sind."

Liste typischer Ausreden von Schuldnern		
Nr.	Ausrede	*Überlegung/Mögliche Antwort*
20	„Der Chef ist in Urlaub."	*Überlegung*: Ein ziemlich einfacher und frecher Einwand, der am besten schlagfertig gekontert wird.
		Antwort: „Aber Betriebsferien haben Sie ja nicht, also vertritt ihn jemand. Wer ist das?" „Wenn sich Ihr Chef einen Urlaub ohne Vertreter leisten kann, und Sie ihn auch nicht erreichen können, erreichen wir Sie über das Gericht. Die geringen Zusatzkosten unseres Anwaltes fallen bei Ihnen sicherlich nicht ins Gewicht. Oder sollten wir nicht beide gemeinsam sparen und jetzt konkret über die Bezahlung der Rechnung reden?"
21	„Ich kann nicht bezahlen. Sie können einem nackten Mann auch nicht in die Tasche fassen."	*Überlegung*: Hinter dieser Ausrede kann ein verzweifelter Schuldner stecken, der zum ersten Mal sein Bankkonto über das Limit gebracht hat. Dann ist die Sache über die Zeit zu beheben. Oder ein erfahrener Schuldner ist restlos am Ende, sodass jede weitere Investition in die Forderung nutzlos ist. Diese Ausrede zwingt zum Nachhaken, um die Situation des Schuldners zu klären. Daraus entstehen Fragen, die wir in unserem alltäglichen Umfeld nie stellen würden, weil wir sie als zudringlich empfinden. Nur intensives Fragen ermöglicht aber die Risikoanalyse, die für ein präzises und abgestimmtes Vorgehen notwendig ist.
		Antwort: „Klingt ja schlimm. Wie viel Schulden haben Sie denn insgesamt? Wer will denn aktuell Geld von Ihnen und wie viel? Welche Einnahmen und Ausgaben haben Sie? Wer könnte Ihnen in dieser Situation noch helfen? Welche Einkünfte erzielt Ihre Ehefrau, welche erzielen Ihre Kinder?"

Liste typischer Ausreden von Schuldnern

Nr.	Ausrede	Überlegung/Mögliche Antwort
22	„Bei mir ist sowieso nichts zu holen, ich habe die eidesstattliche Versicherung abgegeben. Bitte lassen Sie mich jetzt in Ruhe."	*Überlegung:* Die eidesstattliche Versicherung gibt nur ab, wer nichts mehr zu verlieren hat. Alles, was bei der eidesstattlichen Versicherung als Vermögen angegeben wird, wird mit ziemlicher Sicherheit anschließend weggepfändet. Schuldner müssen in der Regel nur alle drei Jahre die eidesstattliche Versicherung erneut abgeben.
		Antwort: „Wann haben Sie die eidesstattliche Versicherung abgegeben?
		Weitere Überlegung: Wenn der Schuldner die eidesstattliche Versicherung vor der Bestellung abgegeben hatte, könnte ein Betrug vorliegen. Daraus lässt sich ein zulässiges Mahnargument formen.
		Weitere Antwort: „Sie hatten die eidesstattliche Versicherung bereits abgegeben, bevor Sie bei uns bestellt haben. Das könnte ein Betrug sein, weil Sie ja nicht zahlen konnten. Wenn wir bis Ende nächster Woche keine Teilzahlung von .... EUR bekommen, werde ich Strafanzeige stellen.
		Weitere Überlegung: Das Drohen mit einer Strafanzeige ist in dieser Situation zulässig.
23	„Die Person, die Sie suchen, gibt es hier nicht mehr. Sie ist unbekannt verzogen."	*Überlegung:* Adressverschleierungen sind ein erfolgreiches Mittel, mit dem sich Schuldner schützen. Normalerweise helfen Personen aus der Umgebung bei Adressproblemen gerne weiter. Wenn nicht, spricht vieles dafür, dass der Schuldner dort noch wohnt. Also nachfragen!
		Antwort: „Bis wann hat Herr Wohlbekannt dort gewohnt?" „Sind Sie der Nachmieter oder wieso lande ich bei Ihnen?" „Wissen Sie, warum Herr Wohlbekannt ausgezogen ist?" „Hat der noch denselben Arbeitgeber, wissen Sie etwas?" „Können Sie mir die Handynummer von Herrn Wohlbekannt geben?" „Wie heißt der Vermieter der Wohnung, damit ich dort weiter nachfragen kann?"
		Weitere Überlegung: Jeden Strohhalm nutzen. Alles, was Sie über den Schuldner und sein Beziehungsfeld jetzt noch in Erfahrung bringen können, kann für die Rekonstruktion weiterhelfen. Erweitern Sie Ihre telefonischen Recherchen dann zum Vermieter und zu Nachbarn. Mit schriftlichen Anfragen über das Einwohnermeldeamt und die Post können Sie die Adresse einholen.

Liste typischer Ausreden von Schuldnern		
Nr.	Ausrede	*Überlegung/Mögliche Antwort*
24	„Tut mir leid, ich beziehe seit 4 Wochen Sozialhilfe und kann nicht mehr bezahlen."	*Überlegung:* Wer Sozialhilfe bezieht, kann tatsächlich nicht mehr bezahlen. Die Frage nach dem Betrug wie in Nr. 22 stellt sich vermutlich nicht. Gleichwohl könnte man in diese Richtung weiterfragen. Der Sozialhilfebescheid dokumentiert eine genaue Prüfung des Sozialamtes, die vorausgegangen ist. Haben Sie eine Kopie davon in der Hand, gibt das Sicherheit. Aber Vorsicht: Es wurden auch schon gefälschte Kopien von Sozialhilfebescheiden versandt.
		Antwort: „Sind wir der einzige Gläubiger?" „Haben Sie die eidesstattliche Versicherung schon abgegeben?" „Bitte schicken Sie mir eine Kopie des Sozialhilfebescheides."
		Weitere Überlegung: Überarbeiten Sie den Fragenkatalog und detaillieren Sie. Schuldner, die nichts zu verbergen haben, nicht selten aber auch solche, die etwas zu verbergen haben, sind auskunftsfreudig.

Wenn Ihnen manche Antworten zu frech oder zu konfrontierend erscheinen, haben Sie durchaus recht. Mit „hau drauf" beschleunigt man Zahlungen, verliert aber auch Kunden. Wer aber zu nachgiebig ist, verliert sicher Geld, weil er die Außenstände finanzieren muss. Die Wahrscheinlichkeit, dass überhaupt bezahlt wird, sinkt mit jedem Tag. Also gilt es, einen Mittelweg auszuprobieren.

Mit den Ihnen vielleicht frech oder konfrontierend erscheinenden Antworten wollen wir Sie unterstützen, sich ein wenig weiter vorzuwagen. Die von uns vorgeschlagenen Antworten werden von uns auch so gebraucht, wir haben damit gute Erfahrungen gemacht.

Tipp:

Das größte Hindernis beim Kontern von Schuldnerausreden ist die eigene gute Erziehung, die uns hindert, sofort das Niveau der Ausrede aufzusuchen, um in der Welt des Schuldners zu antworten. Lernen wir dazu!

7.2   Eine Ausredendatei anlegen

Manche Kundenausreden kann man schlagfertig kontern und sie so aus der Welt schaffen. Andere Ausreden führen zu juristischen Überlegungen und Nachfragen im eigenen Unternehmen.

Sobald eine Ausrede mehrfach auftaucht, empfiehlt es sich, das eigene Vorgehen zu systematisieren und das Ergebnis z. B. in Form einer Karteikarte oder -tabelle abzulegen. Entwickelt man das Verfahren weiter und vervollständigt die Kartei, werden effektive Hilfen geschaffen, die auch bei der Neueinarbeitung von Personal oder im Vertretungsfalle hilfreich sind.

Am wichtigsten erscheint uns aber die Erkenntnis, dass Ausreden systematisierbar sind und routinemäßig abgearbeitet werden können. Diese Erkenntnis wird dann auch in Besprechungen mit anderen Partnern im eigenen Unternehmen weitergegeben und verfestigt. Eine Ausredendatei mit verbindlichen Weisungen anzulegen, ist also ein großer Schritt auf dem Weg, Forderungsmanagement als Aufgabe des gesamten Unternehmens zu installieren.

Beispiele aus der Praxis

Die Beispiele auf den folgenden beiden Seiten zeigen Ihnen, wie eine Ausredenkartei in der Praxis aussehen kann.

Im Anschluss an die Beispiele beschreiben wir Ihnen, aufgrund welcher Erfahrungen, Analysen und Überlegungen sie entwickelt wurden. Verfahren Sie ähnlich, wenn Sie eigene Ausredenkarteien erstellen möchten.

Schließlich fasst die Checkliste „So entwickeln Sie selbst Ausredendateien" am Ende des Kapitels zusammen, wie Sie in der Praxis Schritt für Schritt vorgehen sollten, um eigene Ausredenkarteikarten zu entwickeln.

Beispiel: Ausredenkarteikarte 1	
Mangeleinwand am Bau	
Ausrede:	
Wir bezahlen nicht, weil der verlegte Estrich reißt.	
Überlegungen und Reaktionsmöglichkeiten:	
Rechtliche Überlegungen:	Mangeleinwand, rechtlich erheblich. Zurückbehaltungsrecht 3- bis 5-facher Behebungsbetrag, falls behebbar. Wenn nicht behebbar, u. U. Schadenersatz

Telefoncheck- liste:	▪ Wo?
	▪ Wann entdeckt? Von wem?
	▪ Wurde uns bereits gemeldet. Wer ist bei uns dann Ansprechpartner?
	▪ Wie viel Prozent der Fläche betroffen?
	▪ Wie viel Prozent der Rechnung betroffen?
	→ **Verhandeln über Teilzahlung** (Wie schätzt der Bauherr den Schaden ein, davon x 4 = maximaler Zurückbehaltungsbetrag)
	▪ Weiteres Verfahren besprechen
Interner Ablauf:	Herrn Meier verständigen, der den Kunden kurzfristig zurückruft.
	▪ Ortsbesichtigung, evtl. Zustimmung eines Sachverständigen
	▪ Herr Meier meldet von sich aus Schadenumfang und Behebungszeitraum
	→ Mahnsperre, aber nur für den dazugehörigen Betrag
	→ Auf Wiedervorlage legen
	→ Ab 5.000 EUR in die Abteilungsbesprechung

So wurde die Datei entwickelt:

Eine Analyse ergab, dass selbst bei Mängelrügen, die weniger als 5 % des Rechnungsbetrages betrafen, die Rechnungen insgesamt nicht bezahlt wurden.

Die Techniker kümmerten sich sehr schnell um Mängelrügen, die direkt von den Kunden an sie herangetragen wurden. Mängel, die ihnen aus dem Inkasso mitgeteilt wurden, erwiesen sich aber häufig als geringfügig oder nicht haltbar. Deswegen hatten sich die Techniker um diese Mängelrügen sehr langsam gekümmert, was aus ihrer Sicht richtig war. Dass dadurch das Inkasso einer ganzen Rechnung verzögert wurde, war ihnen nicht bekannt.

Nach einer Analyse der Situation in einer Mahnkonferenz wurde festgelegt, was vom Inkassosachbearbeiter zu erfragen und wohin weiterzureichen ist. Vor allem wurde der Inkassosachbearbeiter ermuntert, sofort über Teilzahlungen zu verhandeln und nur einen Teil der Rechnung mit Mahnsperre zu belegen.

Weiter wurde vereinbart, wie der Inkassosachbearbeiter über das Ergebnis der Außenprüfung zu unterrichten ist, um die Mahnsperre aufheben und die Sache weiterverfolgen zu können. Das Ergebnis war ein zahnradartiges Zusammenwirken beider Seiten in der Folgezeit.

Beispiel: Ausredenkarteikarte 2
Mietminderung in einem Vermietungsunternehmen

Ausrede:
Mietminderung: 30 % wegen Belästigung durch den heftig grillenden Nachbarn.

Überlegungen und Reaktionsmöglichkeiten:

Juristische Überlegungen:	→ Siehe Hausordnung, darauf hinweisen.
	→ Je nachdem: Mietminderung nur, wenn Umfang, Häufigkeit oder Uhrzeit so schwer wiegen, dass eine grobe Beeinträchtigung vorliegt. In der Regel keine Mietminderung berechtigt.
Psychologische Überlegung:	▪ Eine Nachbarstreitigkeit kommt selten allein. Gibt es Vorerfahrungen mit dem Mieter oder seinem Nachbarn?
	▪ Was gibt die Mietakte dazu her?
	▪ Weiß sonst jemand etwas zu den Hintergründen (Hauswart)?
Telefoncheckliste:	▪ Wer, wann, wie oft, Uhrzeit? Haben Sie sonst einen guten Kontakt mit dem Nachbarn? Haben Sie ihn schon selbst angesprochen?
	▪ Mietminderung nicht beim ersten Mal gewähren, wenn es sich um einen schwelenden Konflikt handelt. Allenfalls geringfügige Minderung.
	▪ Hilferuf akzeptieren, wir kümmern uns.
	▪ Bitte bezahlen Sie daraufhin und deswegen aber jetzt die volle Miete.
Intern:	▪ Schriftlich den Vorgang bei der Mietakte ablegen.
	▪ Notiz an Sozialarbeiter mit der Bitte um Kontaktaufnahme und Ergebnismitteilung.
	▪ Hauswart verständigen.
	▪ Wiedervorlage notieren, evtl. Ergebnis schriftlich dem Mieter mitteilen.

So wurde die Karteikarte/Tabelle entwickelt:

Nachbarstreitigkeiten sind das tägliche Brot bei der Vermietung. Aus Kostengründen wurde der Außendienst in den letzten Jahren aber häufig reduziert, sodass Kapazitäten zur Prüfung und Vermittlung vor Ort fehlen. Für den Mieter entsteht der Eindruck, bei einem anonymen und eigentlich selten anwesenden Vermieter zu wohnen, was ihm ganz recht ist. Hat er dann aber berechtigte Beschwerden, fühlt er sich genauso schnell allein gelassen und reagiert mit dem einzigen, ihm zu Gebote stehenden Druckmittel, der Mietminderung.

Eine Analyse verschiedener Beschwerdefälle ergab, dass durch Verständnis und eine Argumentation auf der psychologischen Ebene auch am Telefon viel zu erreichen ist. Nachdem das Problem erkannt und systematisiert war, führte die interne Diskussion zur Einstellung eines Sozialarbeiters, der sich auch um solche sozialen Konflikte vor Ort bemüht.

Entwickeln einer eigenen Ausredenkartei

Wenn Sie eigene Ausredenkarteikarten entwickeln, empfehlen wir Ihnen, nach den folgenden Arbeitsschritten, die sich in der Praxis sehr gut bewährt haben, vorzugehen:

Checkliste: So entwickeln Sie selbst eine Ausredenkartei

Schritt 1:
Sammeln der Schuldnerargumente, die Sie in Schwierigkeiten bringen, die das Verfahren verzögern oder blockieren oder die zu Ärger im Unternehmen führen.

Schritt 2:
Hilfe holen, das Problem gemeinsam analysieren und gemeinsam Vorschläge erarbeiten. Dabei helfen Ihnen intern:

- Vertrieb
- Technik
- Geschäftsleitung

Externe Hilfe erhalten Sie durch:

- Anwalt (Rechtsfragen)
- Verband (wie machen es andere)
- Bücher
- Berater (wenn das Problem teuer genug ist, um einen externen Profi einzuschalten)

Schritt 3:
Lösung ausprobieren und über mehrere Schritte verbessern.

Schritt 4:
Gefundene Lösungen mit den anderen Beteiligten besprechen und alle Abläufe für die Zukunft festlegen. Die gefundenen Lösungen als Abläufe für die Zukunft festlegen und mit den anderen Beteiligten vereinbaren.

Schritt 5:
Ergebnis schriftlich ablegen und nach einem Jahr überprüfen. Erneute Überprüfung nach 5 Jahren.

8   Liste der Mahnargumente

Legen Sie sich ein ganzes Bündel von Argumenten zurecht, um den Schuldner zum Zahlen anzuhalten. Es lohnt sich. Alle Argumente sind zugleich eine Drohung mit Nachteilen für den Schuldner, falls er nicht bezahlt.

Tipp:

Wenn Sie drohen, dann indirekt.

Motto: „Das muss doch nicht sein, das wollen wir gemeinsam verhindern."

Es geht darum, die Argumente sprachlich geschickt zu verpacken. Die Art, wie Sie formulieren, ist so wichtig wie die dahinter stehende Überlegung. Prüfen Sie, ob Sie aus unseren Überlegungen heraus zur gleichen Argumentation und zum gleichen Stil finden würden. Entwickeln Sie neue Mahnargumente bzw. neue Überlegungen zu den von uns vorgeschlagenen. Die Liste will Hinweis und vor allem Anregung sein.

Liste der Mahnargumente		
Nr.	Mahnargumente	*Überlegung/Mögliche Argumentation*
1	„Zinsen"	Überlegung: Zinsen sind etwas Selbstverständliches und werden im Verzugsfall grundsätzlich akzeptiert. Der Streit dreht sich deswegen um den Auslöser Verzug und nicht um die Zinsen selbst.
		Argumentation: „Sie sind seit dem 5. Mai in Verzug. Wir berechnen Ihnen deswegen den gesetzlichen Zinssatz von derzeit .... %." *Oder*: „Sie sind seit .... in Verzug. Wir berechnen Ihnen deswegen nicht nur den gesetzlichen Zinssatz, sondern den Zinssatz, den wir bei unserer Bank bezahlen. Das sind derzeit 12 %. Wir vermuten, dass wir damit Ihr teuerster Gläubiger sind."

Liste der Mahnargumente		
Nr.	Mahnargumente	*Überlegung/Mögliche Argumentation*
2	„Mahnkosten"	*Überlegung*: Die Mahnkosten sind eigentlich gering und decken regelmäßig den eigenen Aufwand nicht. Gleichwohl rufen sie beim Schuldner stets Ärger hervor. Sie haben deswegen die gleiche Funktion wie der Strafzettel im Parkverbot. Werden Mahngebühren erlassen, lässt sich damit eine unverhältnismäßig große psychologische Wirkung erzielen, ohne dass der erzieherische Effekt entfällt.
		Argumentation: „Wenn ich jetzt auch noch schriftlich mahnen muss, müssen wir Mahngebühren in Rechnung stellen, ich weiß, das ist immer misslich beim Verbuchen. Also ich lege mir die Sache jetzt auf Freitagmittag. Wenn ich bis dann das Geld auf dem Bankauszug sehe, vergessen wir die Mahngebühren für dieses Mal."
		Oder: „Die Mahngebühren müssen Sie natürlich bezahlen. Schließlich sind Sie im Verzug und wir hatten Mahnaufwand. Aber ich weiß, wie sehr solche Mahngebühren ärgern. Ich schenke Sie Ihnen. Aber nur unter einer Bedingung: Sie zahlen künftig fristgerecht. Ich merke mir das durchaus und wenn ich im nächsten halben Jahr noch einmal Mahngebühren draufsetzen müsste, setze ich Ihnen die jetzigen gleich noch mit dazu."
		Oder: „Mahngebühren müssen sein, wir haben ja auch mahnen müssen. Es ist mir wichtig, dass Sie dieses Mal wirklich auch die Mahngebühren bezahlen. Ich will Ihnen einfach klarmachen, dass diese laufenden Mahnungen bei uns jetzt nicht mehr durchgehen und wir uns dagegen wehren. Wir haben einen Rechtsanspruch auf pünktliche Zahlung und deswegen setzen wir jetzt auch die Mahngebühren durch. Ich kann auch gar nicht anders. Ich habe strikte Weisung meines Chefs."

Liste der Mahnargumente

Nr.	Mahnargumente	*Überlegung/Mögliche Argumentation*
3	„Abgabe an ein Inkassoinstitut"	*Überlegung*: Die meisten Schuldner wissen zwar, dass damit weitere Kosten verbunden sind. Selten wissen Schuldner aber, dass Inkassoinstitute Zahlungsverzögerungen in ihrer EDV speichern und bei Anfragen zugänglich machen. Viele Wirtschaftsauskunfteien sind untereinander verbunden, sodass die Chance, dass ein solcher Zahlungsverzug zu Konsequenzen führt, groß ist. Auf diese bedrohliche Konsequenz können wir hinweisen. Den Schuldner davor zu bewahren, ist eine Hilfeleistung, die zu einem sympathischen Argument innerhalb der Drohung wird.
		Argumentation: „Ich kann Ihnen nur noch eine kurze letzte Frist zugestehen. Unsere Richtlinien zwingen mich, zur Monatsmitte diese Angelegenheit an unser Inkassoinstitut abzugeben. Sie wissen, was das bedeutet? Außer, dass es etwas kostet, werden Sie dort registriert und das beeinträchtigt Ihre Kreditwürdigkeit mehr als Ihnen lieb sein kann. Sie sollten das unbedingt vermeiden."
4	„Abgabe an den Anwalt"	*Überlegung*: Anwälte werden als gerichtsnah und damit bedrohlich eingestuft. Die Drohung mit der Abgabe ist also die Drohung mit einem Eskalationssprung. Erst in zweiter Linie wirken auch die verursachten Kosten. Diese Schuldnererwartungen gilt es zu verstärken.
		Argumentation: „Wenn nicht sofort eine Teilzahlung erfolgen kann, muss ich die Sache an unseren Anwalt abgeben. Der wird Sie in ein paar Tagen dann noch einmal anschreiben, aber das kostet! Und wenn`s dann nicht klappt, geht er 10 Tage später mit der Sache ans Gericht. Das kostet erneut und zusätzlich."
		Weitere Überlegung: Hier wird alternativ mit den Eskalationsschritten Gericht und Kosten argumentiert. Der Schuldner wird möglicherweise auf das Argument eingehen, das ihn mehr beeindruckt. Verstärken Sie dann sofort dieses Argument.

Liste der Mahnargumente

Nr.	Mahnargumente	Überlegung/Mögliche Argumentation
Forts. 4	„Abgabe an den Anwalt"	*Argumentation*: „Ja, ja, Gericht, das heißt öffentliche Verhandlung, vielleicht müssen wir beide hin und aussagen und dann ein Urteil ..."
		Oder: „Die Kosten sind wirklich erheblich. Bei 2.000 EUR Forderung kostet schon der erste Schritt beim Anwalt über 200 EUR, das sind 10 % und beim Gericht kommen noch höhere Anwaltskosten und die Gerichtskosten dazu. Soll ich Ihnen diese Kosten schnell ausrechnen?"
		Weitere Überlegung: Tabellen für Inkassogebühren, Anwaltskosten und Gerichtskosten gehören, um sofort argumentieren zu können, in Sichtbereich an den Arbeitsplatz.
5	„Mahnbescheid"	*Überlegung*: Gläubiger, die ohne Anwalt einen Mahnbescheid machen können, müssen fit sein. Dieser Kompetenzbeweis ist ein Zahlungsargument. Wer selber Mahnbescheide beantragen kann, wird dies auch öfter und schneller tun. Diese Kompetenz beschleunigt und erleichtert die Eskalation vonseiten des Gläubigers.
		Argumentation: „Ich schaue am Freitagmorgen die Kontoauszüge durch und wenn dann die (Teil-)Zahlung nicht da ist, beantrage ich direkt einen Mahnbescheid beim Gericht. Es gibt jetzt keine weiteren Zwischenschritte mehr. Entweder – oder."
6	„Undankbarkeit"	*Überlegung*: Wer zu schnell droht, kann Widerstand provozieren. Deswegen sind sanfte Vorwürfe auf der Eskalationsleiter wichtige Einstiege.
		Argumentation: „Sie haben uns sehr kurze Lieferzeiten gesetzt. Wir haben das nur mit Überstunden hinbekommen, um Ihnen zu helfen. Und jetzt lassen Sie uns warten und bezahlen nicht. Das passt einfach nicht zusammen. Wir erwarten von Ihnen eine sofortige Teilzahlung."

Liste der Mahnargumente		
Nr.	Mahnargumente	*Überlegung/Mögliche Argumentation*
7	„Zurückfahren des Kreditrahmens"	*Überlegung*: Manche Schuldner können sofort bezahlen, nehmen aber bewusst den Lieferantenkredit in Anspruch, solange er kostenlos ist. Konsequente Zinsforderungen und die Reduktion des Kreditrahmens reduzieren die Arbeitsbelastung des Inkasso durch diese Schuldner.
		Argumentation: „Wir beobachten das Zahlungsverhalten unserer Kunden. Nur wer prompt bezahlt, kann bei der nächsten Bestellung auf Rechnung beliefert werden. Sie sind zum zweiten Mal hintereinander mit einer Forderung in Verzug. Wenn wir das nicht sofort beheben, verringert sich Ihr Kreditrahmen auf Null."
8	„Lästig sein"	*Überlegung*: Im gleichen Maße, wie für den Gläubiger Mahnaufwand entsteht, müssen Schuldner mit Aufwand darauf reagieren. Vor allem mit Telefonaten kann man dem Schuldner regelrecht lästig werden. Solche Gläubiger wird man gerne los.
		Argumentation: „Ich habe Sie vorgestern angerufen und Sie haben mir versprochen, das Geld sei unterwegs. Ich rufe Sie heute wieder an, weil das Geld nicht da ist. Sie versprechen mir erneut, dass es unterwegs ist. O. K. Übermorgen schaue ich mir die Kontoauszüge durch und wenn das nicht geklappt hat, haben Sie 10 Minuten später mein nächstes Telefonat."
9	„Moral"	*Überlegung*: Privatpersonen und Kreditorensachbearbeiter sind als Schuldner sehr unterschiedlich erfahren. Vor allem am Anfang der Schuldenspirale können Moralargumente wirken. Wirken sie nicht mehr, lassen sich daraus wichtige Rückschlüsse auf das künftige Verhalten des Schuldners ziehen. Verhallen Moralargumente ungehört, erhöht das zugleich die Gläubigerbereitschaft zur Eskalation beträchtlich. Moralargumente sind deswegen auch selbstmotivierend für den Gläubiger.
		Argumentation: „So geht das einfach nicht. Sie versprechen mir, zurückzurufen und tun es nicht. Ich sitze hier und warte auf Ihren Anruf. Zuerst habe ich gedacht, vielleicht hat er keine Zeit. Aber jetzt, einen Tag später, ist es einfach zu viel. Ich nehme es nicht hin, dass Sie mich einfach vergessen. Keine Zahlung, kein Telefon, bei mir ist jetzt eine Grenze überschritten!"

Liste der Mahnargumente

Nr.	Mahnargumente	*Überlegung/Mögliche Argumentation*
10	„Kontakt mit dem Chef"	*Überlegung*: Kreditorensachbearbeiter handeln so, wie ihr Chef es von ihnen verlangt. Gleichwohl ist die Ankündigung, die Geschäftsleitung zu kontaktieren, sinnvoll. Sie zeigt das Gläubigerbedürfnis, jetzt mehr zu tun, zu eskalieren. Außerdem weiß man als Kreditorensachbearbeiter nie, was der Gläubiger mit dem Chef wirklich bespricht. Vielleicht beklagt er sich über den Ton oder sonst über Formalien. Man macht ja nie alles richtig. Bei aller Unterstützung, die man vonseiten des Chefs gewohnt ist, ein Vorteil ist ein solches Telefonat nicht. Es ist zumindest unangenehm.
		Argumentation: „So, wie Sie mit dieser Rechnung umgehen, sind wir das nicht gewohnt. Im Allgemeinen nicht und nicht von Ihrer Firma. Ich möchte nicht weiter mit Ihnen verhandeln. Bitte bezahlen Sie jetzt bis am Montag. Am Dienstag werde ich mich mit Ihrer Geschäftsleitung in Verbindung setzen, wenn das Geld nicht da ist."
11	„Kontakt mit dem Einkauf"	*Überlegung*: Einkäufer und Techniker haben eine andere Interessenlage als die Kreditorenabteilung, die Liquiditätsengpässe verwalten muss oder durch Ausweiten des Lieferantenkredites Zinsen sparen soll. Der interne Druck kann dadurch erhöht werden, dass die Einkäufer oder Techniker des Schuldnerunternehmens eingeschaltet werden.
		Argumentation: „Wir haben einen so exzellenten Kontakt mit Ihrem Einkauf gehabt. Die wissen unsere Leistung zu schätzen. Ich verstehe deswegen diese Zahlungsverzögerungen nicht. Wenn die Zahlung nicht bis am Dienstag bei uns eingeht, werde ich mich mit Herrn Kirnhalde, Ihrem Einkäufer, direkt in Verbindung setzen und die Situation besprechen. Schließlich möchte er von uns auch prompte Ersatzteillieferung und Unterstützung, wenn es technische Probleme gibt."

Liste der Mahnargumente

Nr.	Mahnargumente	*Überlegung/Mögliche Argumentation*
12	„Liefersperre"	*Überlegung*: Kann der Schuldner problemlos ein Konkurrenzprodukt beziehen, dient die Liefersperre nur dem Selbstschutz. Ist der Schuldner aber auf das eigene Produkt mehr oder weniger angewiesen, ist die Liefersperre ein scharfes Schwert. Klare Regelungen, wann Liefersperren gesetzt werden, aktivieren auch die eigenen Verkäufer, sich um das Inkasso zu kümmern.
		Argumentation: „Wir liefern Ihnen jede Woche 500 kg von unserem Spezialmehl. Ohne eine sofortige Teilzahlung in Höhe von .... EUR kommt die nächste Lieferung nur noch gegen Vorkasse. Ende nächster Woche fällt dann zusätzlich die Liefersperre. Wir werden Sie dann erst wieder beliefern, wenn der Rückstand um 1/3 reduziert wurde."
		Weitere Überlegung: Liefersperren werden unterschiedlich eingesetzt. Entweder erfolgt eine Belieferung erst wieder nach dem Gesamtausgleich offener Forderungen oder der Gläubiger begnügt sich mit Raten, liefert aber in der Zwischenzeit nur gegen Vorkasse.
13	„Insolvenzantrag"	*Überlegung*: Drohungen mit einem Insolvenzantrag sind zweischneidig. Einerseits ist die Drohung für das Unternehmen existenziell, andererseits erlösen ungesicherte Gläubiger in der Insolvenz allenfalls Bruchteile ihrer Forderung. Die Insolvenz ist also auch nicht im Interesse des Gläubigers. Die Insolvenzdrohung ist häufig ein Verzweiflungsargument.
		Argumentation: „Wir haben jetzt lange genug gewartet. Auch nachdem das Gericht Ihnen einen Vollstreckungsbescheid zugestellt hat, haben Sie nicht bezahlt. Wir vermuten, dass Sie zahlungsunfähig sind und prüfen jetzt einen Insolvenzantrag. Wollen Sie darüber noch verhandeln oder rechnen Sie ohnehin von dritter Seite damit?"

Liste der Mahnargumente

Nr.	Mahnargumente	Überlegung/Mögliche Argumentation
14	„Helfen Sie mir, es geht um meinen Job."	*Überlegung:* Jeden Tag hören wir von Schuldnerseite emotionale Argumente, denen wir standhalten müssen. Warum also nicht einmal den Spieß umdrehen? Das befreit. In machen Fällen gelingt es, schon mit wenigen Telefonanrufen eine menschlich positive Arbeitsbeziehung mit dem Sachbearbeiter der anderen Seite aufzubauen. Daraus kann ein neues, nur in dieser Beziehung liegendes Argument geschaffen werden. Haben wir keine Druckmittel in der Hand, können solche Argumente die letzte mögliche Wahl sein.
		Argumentation: „Hören Sie, jetzt wird es für mich selbst eng. Ich muss in den nächsten 4 Wochen die Außenstände drastisch reduzieren. Ich weiß nicht, was passiert, wenn ich das nicht schaffe. Also bitte, helfen Sie mir auch persönlich, bewegen Sie etwas, kommen Sie jetzt mit einer Teilzahlung und in drei Wochen mit der nächsten. Sie helfen mir damit auch persönlich."
15	„Eigentumsvorbehalt"	*Überlegung:* Der Eigentumsvorbehalt nutzt eigentlich nur in der Insolvenz. Wer Ware wieder abholt, zerstört auch den Kaufvertrag. Wird die Ware aber vom Schuldner dringend benötigt, kann das Abholen bei ihm zu erheblichen Schäden führen. Beim Abholen muss der Schuldner aber mitspielen. Verweigert er die Herausgabe, sind wir schnell am Ende. Dieses Argument kann also nur sehr vorsichtig und indirekt sondierend angebracht werden.
		Argumentation: „Sie wissen, die Ware steht unter Eigentumsvorbehalt. Es kann doch nicht sein, dass Sie mit unserer Maschine arbeiten und wir müssen zusehen. Wenn wir die Maschine abholen würden, entstünden bei Ihnen Schäden, was wir nicht wollen. Wollen Sie uns zu diesem Schritt wirklich zwingen? Welche Lösung können wir sonst finden?"
16	„Sie kommen auf die schwarze Liste."	*Überlegungen:* Manche Unternehmen tauschen untereinander schwarze Listen aus, um sich zu schützen. Weil das datenschutzrechtlich aber nicht in Ordnung ist, ist die Drohung damit unzulässig. Sie bliebe auch als sehr indirekte Drohung unzulässig, z. B. „Sie wissen, wir dürfen keine schwarzen Listen führen und wir führen natürlich auch keine, aber jeder hat so seine Möglichkeiten ..." Bleiben Sie legal.

Liste der Mahnargumente		
Nr.	Mahnargumente	*Überlegung/Mögliche Argumentation*
17	„Wenn Sie sagen, Sie können nicht zahlen, werde ich wohl mit Ihrer Bank reden müssen."	*Überlegung:* Recherchen in der Umgebung des Schuldners sind stets im gleichen Maße informationsreich wie unangenehm für ihn. Solche Recherchen sind deshalb zu empfehlen. Dabei sind aber die Zulässigkeitsgrenzen streng zu beachten. Jedes Anschwärzen, das Gefährden des guten Rufes oder des Kredits des Schuldners ist rechtswidrig. Wer meint, es damit nicht so genau nehmen zu müssen, weil ja auch Schuldner rechtswidrig handeln, indem sie nicht bezahlen, wiegt Ungleiches auf. Eine Strafanzeige wegen Nötigung etwa nimmt Ihrem Inkasso so nachhaltig den Elan, dass man dieses Risiko nicht eingehen sollte. Das Reden mit der Bank ist nichts anderes als die Drohung, ihn bei seiner Bank anzuschwärzen und damit unzulässig und zu unterlassen. Auch das Drohen mit etwas Unzulässigem ist bereits unzulässig.

Ein weiteres wichtiges Mahnargument soll ausführlicher beschrieben werden: Manche Gläubiger pflegen ein solch gutes persönliches Verhältnis zu den Schuldnern, dass diese glauben, sich Verzug einfach nicht leisten zu können. Es ergeht ihnen dann wie guten Freunden, die sich Geld geliehen haben. Sie werden eher eine Urlaubsreise verschieben, als mit der Rückzahlung in Verzug zu geraten.

Ein solches Verhältnis aufzubauen und zu pflegen, kann Teil einer Geschäftspolitik sein. Meist ist es Sache des Verkäufers oder des Geschäftsführers, eine Kundenbeziehung so zu gestalten. Die Aufgabe des Inkassosachbearbeiters ist es, die Wichtigkeit dieser Qualität der Kundenbeziehung für das Inkasso herauszustellen.

Wurde die Kundenbeziehung so gestaltet, muss der Inkassosachbearbeiter davon erfahren. Nur dann kann er im Verzugsfalle dieses besondere Verhältnis in enger Absprache mit dem Verkauf vorsichtig nutzen.

9   Mahnen, ohne Kunden zu verlieren

Die Angst, Kunden zu verlieren, bremst die Entschlossenheit des eigenen Mahnwesens deutlich. Zwei Quellen speisen diese Angst und müssen untersucht werden:

- das eigene Empfinden, dass Mahnungen auch für andere peinlich sind und
- die Erwartung des Vertriebs, dass bestimmte Kunden das nicht ertragen.

Je mehr wir selbst an pünktliches Zahlen gewöhnt sind und das auch von anderen erwarten, um so empfindlicher reagieren wir auf Mahnungen. Verlassen wir unsere Gläubigerwelt, finden wir eine andere Realität vor. Immerhin 18 % der befragten Schuldnerunternehmen einer Untersuchung gaben an, selten oder nie innerhalb der Zielfrist zu bezahlen.[1] Auf diese Unternehmen werden unsere Inkassomaßnahmen ausgerichtet und nicht auf jene 82 %, die häufig oder sehr häufig innerhalb der Zielfrist bezahlen.

Es ist wie bei den Kaufhausdiebstählen: Die weitaus meisten Kunden bezahlen. Maßnahmen zur Diebstahlabwehr dürfen sich aber nicht an diesen Kunden orientieren. Sie müssen die stehlenden Kunden ins Visier nehmen, um effizient zu sein. Wenn aus diesem Grund Hinweisschilder und Kameras aufgestellt werden, lernen die zahlenden Kunden schon, dies hinzunehmen.

> **Tipp:**
> Wieder einmal lohnt es sich, unsere Maßnahmen und Einstellungen nicht aus unserer Gläubigersicht, sondern aus der Welt der Schuldner zu analysieren.

Der Vertrieb muss regelmäßig über Zahlungskonditionen verhandeln. Zahlungskonditionen sind im Firmenkundengeschäft für die Kaufentscheidung von grundsätzlicher Bedeutung. Hieraus wird von Vertriebsseite häufig fälschlicherweise geschlossen, dass auch das Durchsetzen der ausgehandelten Zahlungsziele kritisch für die Geschäftsbeziehung sei.

---

[1]   Weiß, Bohlik „Erfolgsfaktoren der Forderungsrealisation in der Unternehmenspraxis", InDiag – Institut für Unternehmensdiagnose, Bochum, 2005, S. 17.

Empirische Untersuchungen zeigen aber, dass gerade nach diffizilen Verhandlungen über die Zahlungskonditionen das Einfordern der Vertragstreue für die Geschäftsbeziehung unkritisch ist. Dies bestätigten zwei Drittel der befragten Kundenunternehmen.

Sie sollten lernen zu akzeptieren, dass Ihre zahlungssäumigen Kunden Mahnungen als normal empfinden. Sie sollten weiterhin lernen, dass harte Verhandlungen um die Zahlungskonditionen wie ein Gegenstück harte Maßnahmen bei Zahlungsverzug nach sich ziehen dürfen. Erst danach sind Sie innerlich darauf vorbereitet, die sechs Schritte für ein kundenschonendes Inkasso zu gehen.

Sehen Sie hierzu die folgende Checkliste:

Sechs Schritte für ein kundenschonendes Inkasso	
Schritt 1 Konsequent verhandeln	Je mehr der Vertrieb bei den Zahlungskonditionen nachgeben muss, um so deutlicher macht er der Kundenseite, dass danach kein Tag Verzögerung in Kauf genommen wird. Sie sollten das konsequente Vorgehen auch schriftlich ankündigen und der Inkassoabteilung im Mahnfall (etwa auf einer Mahnkonferenz) zugänglich machen. Dieses Vorgehen verbindet Vertrieb und Inkasso.
Schritt 2 Kontaktpflege auf allen Ebenen	Sowohl der Vertrieb wie die Inkassoabteilung unterhalten und pflegen persönliche Beziehungen zu den Sachbearbeitern des Schuldners. Bei der Pflege dieser Beziehungen wird immer wieder deutlich gemacht, dass pünktliche Zahlungen für den Erhalt dieser persönlichen, zweiten Ebene wichtig ist.
Schritt 3 Schnelle, freundliche, aber konsequente erste Mahnung	Schon die erste Mahnung überwindet die Angst vor dem Kundenverlust. Sie fordert zeitlich schnell und inhaltlich deutlich unter kurzer Fristsetzung zur Zahlung auf.
Schritt 4 Deutliche Eskalation im schriftlichen Bereich	Eskalieren Sie in der zweiten oder evtl. dritten Mahnung. Werden Sie persönlicher, gehen Sie bei kritischen Kunden vom Standardschreiben zum Individualschreiben über. Verschieben Sie keine Mahnungen, sondern bleiben Sie auch zeitlich konsequent.

Schritt 5	Sobald Sie die Grenze Ihrer eigenen Befürchtungen
Telefon wirkt Wunder	erreichen und meinen, jede weitere Eskalation würde zu einer unerwünschten Beeinträchtigung der Kundenbeziehung führen, greifen Sie zum Telefon. Am Telefon hören Sie die Stimmung besser und es gelingt Ihnen präziser und adäquat zur Situation zu agieren. Ein Telefongespräch ist keine Drohung, aber ebenso wirksam wie die Androhung eines Lieferstopps oder die Drohung mit gerichtlichen Schritten.
Schritt 6	Bei Verzug auf mindestens zwei Ebenen mit dem Kunden
bad boy/good boy	verhandeln. Die Rückmeldungen des Vertriebs über die Effekte der Inkassomaßnahmen führen zum Beschleunigen oder Bremsen der Eskalation. Untereinander abgestimmt kann der Vertrieb sich auch nach außen gegen die Inkassoabteilung stellen und deeskalieren. Gemeinsam wird erreicht, was der Kunde braucht (um zu zahlen).

10 Schriftlich mahnen

Der klassische Weg, um zu mahnen, ist das Mahnschreiben. Zumeist haben Mahnschreiben wenig Originalität und sind standardisiert. Vor 2002 mussten Mahnungen einen bestimmten juristischen Mindestgehalt aufweisen und da bestand wenig Gestaltungsspielraum. Dies hat sich aber nun schon vor langer Zeit geändert, ohne dass das Formulieren von Mahntexten die Juristen aus der Hand und an die Werbefachleute weitergegeben hätten.

Nutzen Sie die entstandenen Spielräume, denn mahnen ist nicht lediglich eine Formsache. Ziel einer Mahnung ist es, den Schuldner zum Zahlen zu bewegen. Schuldner müssen häufig mehrere Gläubiger bedienen. Sie bestimmen, wen sie bedienen wollen oder können. Deshalb ist es wichtig, im Ranking der Gläubiger Pluspunkte zu sammeln, weil so die Chancen steigen, dass gerade Ihre Forderung ausgeglichen wird. Mahnschreiben, die gut formuliert und gestaltet, eventuell sogar zumindest bis zu einem gewissen Grad individualisiert sind, erhöhen Ihre Chancen sehr, sich im Gläubigerranking nach oben zu bewegen.

Zwei Wege zum schriftlichen Mahnen finden bis heute zu wenig Beachtung: Mahnen per SMS und per E-Mail. Vielleicht erstaunen Sie diese Möglichkeiten. Bedenken Sie aber, Ungewöhnliches fällt auf und kann, sofern die Zielgruppe geeignet ist, Ihre Position unter den Gläubigern verbessern.

Das folgende Kapitel wird Ihnen viele Beispiele und Anregungen geben, um Ihnen dabei zu helfen, Ihr schriftliches Mahnwesen zu optimieren.

10.1 Weg vom juristischen Stil

Weil früher Mahnungen einen bestimmten juristischen Inhalt haben mussten, wurden sie auch von Juristen produziert. Außerdem hat man früher einer juristischen Mahnung eine besondere Schlagkraft zugetraut und das Juristendeutsch als Drohgebärde genutzt.

Die heutige Rechtslage macht den Weg frei für Mahnschreiben, die Werbetexter entworfen haben. Dieser Stilwechsel entspricht der Neuausrichtung des Mahnwesens auf das Ziel, gerichtliche Maßnahmen zu vermeiden und im vorgerichtlichen Bereich die „Beauty-Show" der Gläubiger zu gewinnen.

Auf den folgenden Seiten sehen Sie zwei sehr unterschiedliche Beispiele eines Mahnschreibens mit einer anschließenden kurzen Analyse.

Das folgende Beispielmahnschreiben zeigt Ihnen, wie Sie es nicht machen sollten.

Ein abschreckendes Beispiel

Ravensteiner Wohnungsbau GmbH

Mühlenweg 3
39307 Mützel
Tel. 03888/43551
Fax 03888/43552
Datum: 16.10.20XX

Wohnungsnummer: 3050030
Musterstraße 12, Erdgeschoss links

Letzte Mahnung Mietzahlung

Sehr geehrter Herr Hasenlohr,

auf unsere dringende Mahnung vom 09.10.XX wegen des offenen Mietrückstandes haben Sie leider weder bezahlt noch sich mit uns in Verbindung gesetzt.

Wir bitten Sie, den offenen Gesamtbetrag von 630,00 EUR sofort auf unser Konto bei der Sparkasse Mützel (IBAN: DE4968050101000124478, BIC: GENODE72EMR), oder bei unserem Hauswart bar einzuzahlen.

Sollten wir ohne Kontakt mit Ihnen bleiben und auch keine Zahlung erhalten, müssen wir am Dienstag, 23.10., einen gerichtlichen Mahnbescheid gegen Sie beim Amtsgericht Mützel einreichen. Dies würde völlig unnötigerweise weitere Kosten verursachen. Der Mahnbescheid wäre für uns dann die Grundlage für Zwangsvollstreckungsmaßnahme durch das Amtsgericht und den Gerichtsvollzieher.

Zugleich möchten wir Sie warnen, die jetzt fällige Novembermiete nicht zu bezahlen. Falls die Novembermiete bei uns am 05.11.XX nicht eingegangen ist, sind wir gezwungen, das Mietverhältnis fristlos zu kündigen, auch wenn wir dies gar nicht wünschen. Die dann am 28.11.XX über unseren Anwalt zu erhebende Räumungsklage würde erneut weitere Kosten verursachen, die Sie letztendlich bezahlen müssen.

Deswegen nochmals: Bitte bezahlen Sie sofort den Rückstand und pünktlich die Novembermiete oder nehmen Sie mit der Sachbearbeiterin Mahn- und Klagewesen, Frau Hübel, Tel.Nr. 03888/43551 Kontakt auf.

Mit freundlichen Grüßen

Test:

1. Komprimierter, juristisch orientierter Text ohne optischen Reiz.
2. Lange Sätze schwer zu lesen. Manche Mieter werden gar nicht in der Lage sein, die langen Sätze wirklich zu verstehen. Drohungen, die nicht eingeordnet werden können, lösen Frustration aus. Damit wird das Gegenteil von dem erreicht, was wir wollen.
3. Keine „möchte"- und „würde"-Formulierungen. Signalisieren Sie den Ernstfall.

Der gleiche Brief, abgespeckt und aufgelockert.

Das vorherige Beispiel verbessert

Ravensteiner Wohnungsbau GmbH

Mühlenweg 3
39307 Mützel
Tel. 03888/43551
Fax 03888/43552
Datum: 16.10.20XX

Wohnungsnummer: 3050030
Musterstraße 12, Erdgeschoss links

Letzte Mahnung Mietzahlung

Sehr geehrter Herr Hasenlohr,
auch auf unsere Mahnung haben Sie die Oktobermiete von 630,00 EUR nicht bezahlt.
Wir setzen Ihnen zum letzten Mal eine Frist auf den 23.10.XX. Bitte bezahlen Sie jetzt sofort! Wir werden andernfalls einen Mahnbescheid lösen und ihn betreiben.
Bitte vergessen Sie nicht, die bald fällige Novembermiete zu bezahlen. Falls Sie mit 2 Monatsmieten in Verzug sind, werden wir sofort fristlos kündigen und Sie zur Räumung der Wohnung auffordern.
Wenn Sie in Schwierigkeiten sind, rufen Sie mich bitte unter der Telefonnummer 03888/43551 an.

Mit freundlichen Grüßen

Christa Hübel
Ravensteiner Wohnungsbau GmbH

Test:

1. Die Verbesserung der Lesbarkeit ist augenfällig.
2. Der Text liest sich jetzt leichter und nicht mehr so provokativ juristisch. Das Schreiben ist eher neutral, die Drohungen stehen im Vordergrund.
3. Der Brief wirbt noch zu wenig für die Zahlung und bleibt zu unpersönlich.

Tipp:

Nur wer im Stil seines Kunden schreibt, wird ihn erreichen.

Schreiben Sie zudem:

- leicht verständlich,
- klar in kurzen Sätzen,
- wenig Text, aber optisch ansprechend angeordnet.

10.2   Von der Anschrift bis zum PS: Die Formalien

Liebesbriefe, an denen man sich erfreut, liest man immer und immer wieder von ganz oben nach ganz unten durch. Ein Mahnschreiben dagegen wird optisch als Ganzes erfasst, eingeordnet, evtl. auf einige Details untersucht und dann weggelegt (oder weggeworfen). Mahnschreiben sind unangenehm. Jede tiefere Beschäftigung mit ihnen wird möglichst vermieden.

Bereits während des kurzen Überlesens fällt die Entscheidung, ob man der Mahnung nachkommt oder nicht. Entscheidungskriterien für den Schuldner sind seine eigenen Ressourcen, deren Knappheit und der Vergleich mit anderen Mahnungen. Der Schuldner wählt also aus. Ein kluges Mahnschreiben ist unser Einsatz mit dem Ziel, die „Beauty-Show" der Gläubiger zu gewinnen.

Bei der beschriebenen oberflächlichen Leseweise des Schuldners werden die gliedernden, formalen Elemente des Mahnschreibens zu einem Gerüst, um das sich der freie Text rankt. Die Formalien, wie die optische Gestaltung, haben für Mahnschreiben also eine besondere Bedeutung. Sie sind so wichtig wie die Handschrift beim Liebesbrief.

Formale Gestaltungselemente eines Mahnbriefes	
Anschrift	Wichtig auch für evtl. spätere gerichtliche Schritte: Name, Vorname und Anschrift richtig schreiben. Vorher recherchieren, ob sich evtl. etwas geändert hat! Falsch geschriebene Namen führen dazu, dass sich der Adressat distanziert. Mahnschreiben mit falscher Namensschreibweise wandern sofort im Stapel nach unten.
Sachbearbeiter mit Telefonnummer	Nicht nur für Rückfragen wichtig, sondern in Verbindung mit dem Vor- und Zunamen unter der Unterschrift die Klammer, die signalisiert: Hier steht eine individuelle Person hinter der Forderung, nicht ein anonymes Gebilde. Wer seine Telefonnummer bekannt gibt, bietet Kontakt an. Will der Schuldner keinen Kontakt, wird das Angebot zu einer sanften Zahlungsaufforderung.
Datum	Richtig: 10.01.15 – besser: 10. Januar 2015
Betreff	**Na, interessiert?** Der Betreff wird **fett** geschrieben und ist nach Absender und Anschriftenfeld der dritte Detailpunkt, den das Leserauge erfasst. Der Betreff zeigt als Schlagwort, was der Absender will. Der Betreff entscheidet darüber, ob der Leser weiterliest oder den Brief wegwirft! Das Wort *Betreff* oder *Betr.* wird nicht geschrieben!
Anrede	veraltet: Sehr verehrter … Standard: Sehr geehrter … modern: Guten Tag, Herr Kunze, locker: Lieber Herr Goetze, Hallo Herr Maleck,
Textblock/Briefinhalt	Je nach Absicht und Adressat individuell. Auf jeden Fall gehört dazu: ▪ unser Rechnungsdatum (zur Individualisierung) ▪ der Rechnungsbetrag ▪ Verzugszinsen nach Zinsbeginn und Zinshöhe, evtl. als Betrag errechnet ▪ Mahngebühren ▪ Fristsetzung für die Zahlung mit konkretem Datum ▪ Konsequenzen, wenn die Frist nicht eingehalten wird

Formale Gestaltungselemente eines Mahnbriefes		
Grußformel	veraltet:	Hochachtungsvoll
		Wir verbleiben mit
		Mit freundlicher Empfehlung o. Ä.
	Standard, aber veraltet:	Mit freundlichen Grüßen
		Mit freundlichem Gruß
	Standard modern:	Freundliche Grüße
	locker/individuell:	Freundlich grüßt Sie
		Es grüßt Sie
		Freundliche Grüße aus dem Bergischen Land
Name	Unter Ihre Unterschrift gehören in Druckschrift Ihr Vor- und Zuname. Geben Sie sich wirklich mit Vor- und Zunamen zu erkennen. Die Namensnennung wird dann zu einem Kontaktangebot und damit indirekt zu einem Zahlungsappell. Der Schuldner soll erkennen, hier steht eine bestimmte Person hinter der Forderung, die es ernst meint und weitere Schritte folgen lässt, wenn nicht bezahlt wird. Die Wiederholung der vollständigen Geschäftsadresse ist überflüssig, wenn sie bereits im Briefkopf enthalten ist, sie verwässert diesen persönlichen Appell.	
PS	Kein Zeichen der Vergesslichkeit, sondern ein gutes Stilmittel, um eine Aussage besonders prägnant hervorzuheben. **Von vielen Lesern wird diese Botschaft vor dem eigentlichen Brieftext gelesen.** Der Nachsatz kann durchaus ohne das Kürzel *PS* formuliert werden, z. B. mit *Übrigens* oder *Bitte beachten Sie.*	

10.3 Der Betreff trifft

Hinsichtlich der Gestaltung des Betreffs sollten Sie zwischen Firmenkunden und Privatkunden unterscheiden:

Ihr Kunde ist eine Firma

Die Mahnung gelangt dann in die Buchhaltungsabteilung, in der je nach Größe des Unternehmens mehrere Sachbearbeiter tätig sind. Wenn Sie im Betreff alle

Suchdaten vermerken, erleichtern Sie die Zuordnung. Sie signalisieren damit Professionalität.

Wenn Sie für Ihren Auftrag eine Auftragsbestätigung mit Auftragsnummer erhalten haben, nehmen Sie sie in den Betreff auf, außerdem Ihre Rechnungsnummer und Ihr Rechnungsdatum. Sie können schon im Betreff klarmachen, dass es sich um eine Mahnung handelt.

Beispiel

Mahnung
Auftragsnummer 2287, Renovierung Bürotoiletten
Unsere Rechnung Nr. 34501 vom 10. Oktober 2014

Sehr geehrter Herr Loepfe,

...

Früher war es üblich, Mahnungen zu nummerieren. Der Gläubiger meinte, mit der Nummerierung zusätzlichen Druck ausüben zu können. Heute weiß man, dass damit das Gegenteil erreicht wurde. Clevere Schuldner wussten nach der ersten Mahnung sofort, dass noch eine zweite und dritte Mahnung folgen wird. Häufig wurde dann die dritte Mahnung auch noch als letzte Mahnung bezeichnet. Dann wusste der Schuldner, jetzt wird es wirklich ernst. Schuldner haben sich darauf eingestellt, vor der letzten Mahnung gar nicht zu reagieren.

Wieder einmal zeigt sich:

Tipp:
Mahnungen nicht durchnummerieren.
Schuldner analysieren eine Mahnung darauf, ob sie am Anfang oder am Ende der Eskalationsstufe steht.

Mahnungen zu bearbeiten gehört nicht unbedingt zu den interessanten Tätigkeiten in einer Buchhaltungsabteilung. Ungewöhnliche Mahnungen sind deswegen interessant und werden eher gelesen. Versprechen Sie sich aber nicht zu viel davon. Es haben schon Gläubiger Mahnungen in Gedichtform verschickt, die prompt an der Pinnwand der Buchhaltungsabteilung landeten – ohne aber eine Zahlung auszulösen.

Verlegen Sie den Begriff *Mahnung* auch einmal vom Betreff in den Text.

Beispiel

Man soll den Tag nicht vor der Zahlung loben!
Auftragsnummer 2287, Renovierung Bürotoiletten
Unsere Rechnung Nr. 34501 vom 10. Oktober 2014
Sehr geehrter Herr Loepfe,

...

Weil **Zahlungserinnerungen** keine rechtlichen Konsequenzen ausgelöst haben, waren sie häufig im Betreff als Vormahnstufe aufgeführt. Manche Unternehmen haben zuerst eine Zahlungserinnerung und dann eine erste Mahnung verschickt.

Tipp:
Wer im Betreff **Zahlungserinnerung** schreibt, entwarnt den Schuldner.

Ihr Kunde ist eine Privatperson

Bei Privatpersonen können Sie erwarten, dass bereits Ihr Name eine konkrete Erinnerung an die offene Rechnung auslöst. Der formale Hinweis auf Rechnungsdatum und -nummer verschenkt Platz an wichtiger Stelle. Noch einmal: Vor allem Privatpersonen entscheiden sich häufig beim Betreff, ob sie weiterlesen oder ob das Schreiben direkt in den Papiermüll wandert. Es ist deswegen günstig, wenn Sie im Betreff das Wort „Mahnung" nicht verwenden.

Entweder Sie lassen deswegen einen formalen Betreff ganz weg oder Sie erfinden einen Satz, der an den Schuldner appelliert und sein Interesse am Weiterlesen weckt.

Beispiele: So könnte ein Betreff formuliert sein

- Wir haben Ihren Garten umgestaltet und freuen uns, wenn er Ihnen gefällt.
- Wir haben Ihnen Briefpapier geliefert, schreiben Sie uns – es genügt auch, wenn Sie die Rechnung bezahlen.
- Sparsamkeit ist eine Tugend …
- Träume werden wahr.
- Lassen Sie uns nicht im Regen stehen.
- Höchste Zeit!
- Der beste Zeitpunkt: Jetzt!
- Warum mehr bezahlen?

Dieser Schritt weg vom formalen zum werbenden Stil ist mehr als nur ein wenig Salz oder Gewürze in die Suppe zu streuen. Es geht darum, zu verstehen, dass ein ganz neues Rezept verwendet werden soll. Dieses Rezept ist das Mahnen mit neuem Stil.

10.4 Mahnen mit neuem Stil

Wie war es früher doch einfach, Mahnschreiben zu entwerfen, als der juristische Stil noch weitgehend verbindlich war. Es gab damals ein objektives Kriterium, an das sich alle halten konnten. Seitdem die Mahnung aber ihre rechtliche Bedeutung verloren hat, ist sie dem Einfluss der Werbetexter ausgesetzt. Es zählt, was den Kunden zum Zahlen bringt. An die Stelle eines objektiv verbindlichen Stils tritt die Suche nach dem maximalen Ergebnis beim jeweiligen Kundentyp. Das bestimmt den Stil.

Damit entsteht für jedes Unternehmen die Notwendigkeit, Mahnungen kundenspezifisch zu entwerfen und in den Ablauf der Kundenbeziehung einzupassen. Wir stellen anhand der folgenden sechs Beispiele die Entwicklung eines neuen Mahnstiles dar.

Schritt 1: Die Selbstprüfung – was erwartet der Kunde von uns?

Die Mahnung ist einer der letzten Schritte in der Kundenbeziehung. Die Erwartungen des Kunden sind geprägt von den bisher gemachten Erfahrungen. Also prüfen wir, wie sich in unseren sechs Beispielen die Partnerschaft zum Kunden entwickelt hat.

Checkliste: Kundenerwartung	
Werbeauftritt	■ Wie stellen wir uns in unserem Werbeauftritt dar?
	■ Welche Überlegungen, Erwartungen und Ziele stecken hinter unserer Werbung?
Beispiele	
Gärtner, der Privatgärten gestaltet:	Zupackend, mit einem Touch ins romantisch Gestaltende.
Heizungsservice:	Sofort präsent, zuverlässig, technisch versiert.
Vermieter:	Zuverlässig, menschlich zugewandt, ein zurückhaltender Dienstleister.
Hausverwalter:	Präzise, pünktlich, umsichtig, mit hohem Engagement.
Werbegrafiker:	Sprühend vor Kreativität, mit Blick für das Machbare, gewandt und elegant.
Produzent von Werkzeugteilen:	Qualitäts- und kostenorientiert, beweglich und schnell.

Die durch die Werbung geweckte und unterstützte Kundeneinschätzung setzt sich in der Art der Vertragsanbahnung und Preisfindung fort.

Art der Vertragsanbahnung	■ Wie kam es zum Auftrag?
	■ Mit welchem Stil wurde dort gearbeitet?
Beispiele	
Gärtner:	Sofort persönlich anwesend, sprühend entwickelt er Ideen vor Ort.
Heizungsservice:	Die Kundenbeziehung besteht seit Jahren und wurde vom Vorbesitzer übernommen.
Vermieter:	Erstkontakt über eine Zeitungsannonce, Ort und Umgebung der Wohnung war für den Vertrag entscheidend.
Hausverwalter:	Persönliches Auswahlverfahren unter Vorlage von Referenzen.
Werbegrafiker:	Der gute Draht, um Ideen zu transportieren, war entscheidend. Dann wurden Probearbeiten abgeliefert.
Produzent von Werkzeugteilen:	Ruf in der Branche, Vergleich mit Konkurrenten.

Bemerken Sie:

Der Werbeauftritt steht im inneren Zusammenhang mit der Art der Vertrags-anbahnung. Die so begonnene Linie setzt sich fort und mündet in die Mahnung.

Art der Preisfindung:	■ Festpreise oder intensive Preisverhandlungen? ■ Mit welchen Argumenten wurde der Preis durchge-setzt? ■ Waren nach der Preisvereinbarung beide Seiten zu-frieden oder könnte gar hier eine psychologische Ursache für die notwendige Mahnung liegen?
Beispiele	
Gärtner:	Sehr variabler, mehrfach durchdiskutierter Leistungsum-fang, der mit einem Festpreis fixiert wurde.
Heizungsservice:	Feste Stundentarife zuzüglich Material, Preisliste vorhan-den.
Vermieter:	Keine Preisdiskussion, der Preis stand von vornherein fest.
Hausverwalter:	Art und Umfang der Dienstleistungen und der dafür not-wendige Zeitaufwand wurden intensiv diskutiert. Daraus errechnete sich dann der Endpreis.
Werbegrafiker:	Es war schwer, direkt eine Verbindung zwischen Leistung und Preis herzustellen. Die Einschätzung des Preises hängt vom späteren Erfolg ab.
Produzent von Werk-zeugteilen:	Präzise Aufwandskalkulation zu relativ festen Preisen, die der Markt bestimmt und beiden Seiten bekannt waren.

Eine wesentliche Wirkung darauf, wie der Kunde die Linie des Unternehmens wahrnimmt, hat die Art, wie der Auftrag ausgeführt wurde.

Auftragsausführung	▪ Wurden bestimmte Zeiten vereinbart und eingehalten? ▪ Musste der Kunde bei der Leistung mitwirken? ▪ Wurde der Leistungserfolg mit dem Kunden besprochen? ▪ Wurde zwischen der Leistung und dem Preis noch einmal eine Verbindung hergestellt?
Beispiele	
Gärtner:	Wetterbedingte Verzögerungen. Der Kunde konnte zwar die Veränderung sehen, der Erfolg wird erst in Monaten sichtbar sein.
Heizungsservice:	Was vorher nicht funktionierte, ist jetzt wieder in Ordnung. Die Notsituation ist behoben.
Vermieter:	Tagesgenauer Einzug. Nach der Schlüsselübergabe waren die Nachbarn wichtiger als der Vermieter.
Hausverwalter:	Konkrete Zeiten und Dienstleistungen sind in einem Terminplan vereinbart, werden aber vom Dienstleister einseitig erbracht.
Werbegrafiker:	Intensive Zusammenarbeit, Austausch von Ideen, Entscheiderkontakte auch bei Zwischenschritten notwendig, der Erfolg liegt völlig im Ungewissen.
Produzent von Werkzeugteilen:	Präziser, technisch gesteuerter Ablauf entsprechend dem Leistungsverzeichnis, automatisierte Abwicklung ohne persönliche Kontakte.

Aus den einzelnen Elementen des Kundenkontaktes entwickeln wir nun die Linie der Vorerfahrungen des Kunden mit uns, die Grundlage für die Gestaltung des Mahnschreibens ist.

Anschließend analysieren wir, ob die säumigen Schuldner durchschnittliche Kunden sind, oder ein besonderes „Profil" haben.

Wer ist mein säumiger Kunde?	■ Sind die säumigen Kunden durchschnittliche oder besondere Kunden? ■ Gibt es spezifische Merkmale hinsichtlich des Alters, des Geschlechts, der Einstellung bis hin zu Hobbys oder der Zugehörigkeit zu eingrenzbaren Gruppen der Gesellschaft?
Beispiele	
Gärtner:	Neubauten, weil der Garten das letzte Gewerk ist.
Heizungsservice:	Wo Ordnung herrscht, wird prompt bezahlt. Wer es locker nimmt, ist eher gefährdet.
Vermieter:	Probleme bereiten junge, alleinstehende Männer unter 35 Jahren.
Hausverwalter:	Wohnungseigentümergemeinschaften mittlerer Größe, bei denen sich ein paar Meckerer durchsetzen können.
Werbegrafiker:	Kunden, die den großen Wurf wollen und dann die große Enttäuschung einfahren.
Produzent von Werkzeugteilen:	Kleine, billige Zusatzleistungen werden als Dienstleistung zusätzlich und kostenfrei erwartet, Preissteigerungen sind daher unverhofft.

Die Erfahrung zeigt, dass zahlungssäumige Kunden selten dem Durchschnitt der Kunden entsprechen. Es gibt bestimmte Typen von Kunden oder Typen von Aufträgen, die ein erhöhtes Verzugsrisiko in sich bergen. Können wir einen solchen Typ ausmachen, richten wir das Mahnschreiben auf ihn aus.

Schritt 2: Verdichten der Kundenerwartung zum Mahnstil

In den sechs Beispielen wurden fünf Stationen der Kundenbeziehung wie mit einem Spot ausgeleuchtet. Tatsächlich hat die Kundenbeziehung sehr viel mehr Facetten. Wenn Sie also Ihren Mahnstil entwickeln wollen, fügen Sie weitere Stationen der Kundenbeziehung mit typischen Situationen hinzu. Je mehr Stationen Sie ausmachen können, umso klarer wird das für Ihr Unternehmen Typische der Kundenbeziehung.

Schritt 3: Entwerfen Sie ein zu Ihrem Unternehmen passendes Mahnschreiben

Nun heißt es Mut entwickeln und aus Ihren Eindrücken einen Text entstehen zu lassen. Je genauer Sie sich den gemahnten Kunden vorstellen können, umso leichter wird es Ihnen fallen. Vielleicht liefert auch die Rechnung mit der Art der erbrachten Leistung Details, die sich im Mahnschreiben wiederfinden können.

Doch zunächst möchten wir Ihnen ein paar allgemeingültige Hinweise geben, die Sie beim Verfassen eines Mahnschreibens beachten sollten:

Ein Mahnknigge oder Erste Hilfe zum Entwerfen von Mahnschreiben	
Keine Fremdwörter	
Statt:	Unsere Recherche hat ergeben, dass der Posten nicht reguliert ist.
Kommentar:	Fremdwörter sind „fremde Wörter". Sie schaffen eine künstliche Distanz, die unserer Mahnabsicht zuwiderläuft.
Besser:	Wir haben die Rechnung überprüft und festgestellt, dass sie noch nicht bezahlt ist.
Kein Juristendeutsch	
Statt:	Sie befinden sich auch ohne Mahnung im Verzug, weil Sie die 30-Tages-Frist für den Rechnungsausgleich nicht eingehalten haben.
Kommentar:	Ohne juristische Begriffe klingt es einfach geschmeidiger.
Besser:	Sie hätten nach heutiger Rechtslage die Rechnung innerhalb von 30 Tagen bezahlen müssen.
Verben statt Substantive	
Statt:	In o. g. Angelegenheit bitten wir zum Zwecke unserer Information über den Stand der Angelegenheit um kurzfristige Rückübersendung des nachfolgenden Antwortcoupons.
Kommentar:	Eine Anhäufung von Substantiven erschwerte das Verständnis. Substantive verlangen ein Stehenbleiben, während Verben Bewegung schaffen.
Besser:	Sie haben unsere Rechnung noch nicht bezahlt. Wir wissen nicht warum und bitten Sie darum, uns die Gründe mit dem Antwortcoupon mitzuteilen.

Formulieren Sie kurze Sätze, verwenden Sie höchstens einen Nebensatz.	
Statt:	Um zu klären, ob Sie unsere Rechnung erhalten und eventuell die Zahlung vergessen haben, bitten wir Sie um Ihren Rückruf und ggf., falls noch nicht geschehen, um die Bezahlung.
Kommentar:	Weil sie am Ende des Satzes nicht mehr wissen, was am Anfang verlangt wurde, liest der Schuldner den Satz ein zweites Mal oder legt das Schreiben weg.
Besser:	Bitte bezahlen Sie die Rechnung bis zum 3. April. Rufen Sie uns an, wenn etwas unklar sein sollte.
Formulieren Sie positiv, Verneinungen werden überlesen.	
Statt:	Sie haben unsere Rechnung vom 07.02. noch nicht bezahlt und uns auch keine Gründe dafür mitgeteilt. Sicherlich wären Sie wie wir erstaunt gewesen, wenn wir auf uns Ihren Auftrag hin nicht gerührt hätten.
Kommentar:	Die beiden Sätze enthalten insgesamt drei Verneinungen. Will man sie verstehen, muss man sich mit ihnen intensiv auseinandersetzen, um sich das vorzustellen, was gerade nicht ist oder umgekehrt sein sollte. Diesen Aufwand macht sich jemand, der gemahnt wird, nicht. Er liest einfach weiter, ohne es verstanden zu haben.
Besser:	Unsere Rechnung vom 28.01. ist noch offen. Bitte bezahlen Sie die unten aufgeführte Rechnung sofort, bis spätestens am 05.03.
Passiv-Konstruktionen wirken unpersönlich und sprechen den Leser nicht an.	
Statt:	Es sollte doch erwartet werden können, dass auf eine Mahnung bezahlt wird.
Kommentar:	Hinter der unpersönlichen Passivstruktur steckt ein allgemein gehaltener, ungezielter Vorwurf. Sprechen Sie den Schuldner direkt und aktiv an.
Besser:	Wir erwarten, dass Sie jetzt sofort bezahlen.
Keine Vorwürfe	
Statt:	Sie haben sich nicht an die gesetzliche 30-Tages-Frist zur Bezahlung von Rechnungen gehalten.
Kommentar:	Jede Konfrontation sät Widerstand und Ablehnung. Manchmal geht es nicht anders. Hier bringt der Vorwurf nicht weiter. Statt festzustellen, was nicht passiert ist, besser direkt dazu auffordern, was passieren soll.
Besser:	Letzte Mahnung! Bitte rufen Sie uns unter der Telefonnummer ... an.

Keine (versteckten) Entschuldigungen	
Statt:	Bitte betrachten Sie dieses Schreiben als gegenstandslos, wenn es sich mit Ihrer Zahlung überschnitten hat.
Kommentar:	Wer sich entschuldigt, relativiert. Wenn der Schuldner zu spät bezahlt, ist eine Mahnung nur recht und billig, auch, wenn er den Fehler inzwischen behoben hat.
Besser:	Weglassen.
Klare Forderungen	
Statt:	Leider konnten wir bis jetzt keinen Zahlungseingang verzeichnen. Wir wären Ihnen deshalb dankbar, wenn Sie die Angelegenheit überprüfen könnten.
Kommentar:	Eigentlich erwartet der Schuldner einen Vorwurf. Stattdessen auf Dankbarkeit zu stoßen, ist überraschend. Der zweite Satz wirkt so devot, dass er, statt zur Überprüfung, zur Nichtzahlung einlädt.
Besser:	Wir konnten keinen Zahlungseingang verzeichnen. Bitte prüfen Sie, ob Sie unsere Rechnung überwiesen haben und machen Sie uns Mitteilung bis zum …
Keine Konjunktive	
Statt:	Wir würden uns freuen, wenn Sie unsere Rechnung begleichen könnten.
Kommentar:	Konjunktive sind nur Möglichkeiten, keine Verpflichtungen. Solche indirekten Formulierungen wirken schlecht.
Besser:	Wir freuen uns, wenn Sie unsere Rechnung heute noch begleichen.

Versuchen Sie, Ihren Schuldner richtig sympathisch zu finden, während Sie formulieren. Ihr Stil wird damit reicher und zuvorkommender, ohne dass er in der Klarheit nachlassen muss.

Nachfolgend haben wir aus unseren Beispielen die fünf Stationen der Kundenerwartung zusammengefasst, den adäquaten Stil überlegt und ein Mahnschreiben als Beispiel angefügt.

Beispiel 1: Gärtner, der einen Privatgarten gestaltet hat				
Werbeauftritt	Vertrags-anbahnung	Preisfindung	Auftragsausfüh-rung	Typischer Verzugskunde
Zupackend, mit einem Touch ins romantisch Gestaltend.	Sofort persönlich anwesend, sprü-hend, entwickel-te Ideen vor Ort.	Sehr variabler, mehrfach durch-diskutierter Leistungsum-fang, der mit einem Festpreis fixiert wurde.	Wetterbedingte Verzögerungen. Der Kunde konn-te zwar die Veränderung sehen, der Erfolg wird erst in Monaten sicht-bar sein.	Neubauten, weil der Garten das letzte Gewerk ist.
Kundenerfahrungen: zupackend, engagiert, neue Ideen Mahnstil: emotional				

Obsiger Gartenbau und Planung Kirchgasse 18
34140 Oberbürgen

23.02.20XX

Pflanzen brauchen Wärme zum Wachsen

Sehr geehrter Herr Keller,

die Pracht in Ihrem neuen Garten liegt um diese Zeit noch im Verborgenen. Doch wir haben Ihre und unsere Ideen vor dem Sprießen umgesetzt und Sie können sich bestimmt in allen Farben aus-malen, dass wir uns jetzt auch auf Ihre Zahlung verlassen.
Bitte überweisen Sie doch unsere Rechnung vom 5. Februar über EUR 8.750,00 unverzüglich, spä-testens bis zum 5. März 20XX.
Sie wissen ja: Auch wenn Sie bezahlt haben, werden wir Ihnen die Pflanzen ersetzen, die nicht anwachsen sollten!

Freundliche Grüße
Stephan Obsiger

Hinweise zum Mahnstil:

Ein Garten ist eine Oase, ein Ort zum Träumen. Freuen Sie sich mit Ihrem Kun-den über das gelungene Projekt und bringen Sie Ihre Enttäuschung zum Aus-druck, wenn nicht bezahlt wird.

Den emotionalen Stil erkennen Sie an dem Gebrauch von Worten wie „Pracht", „im Verborgenen liegen", „Sprießen" und „in allen Farben ausmalen". Diese Worte sprechen unmittelbar unser Gefühl und die Fantasie an.

Überlegungen, die den Kunden (noch) vom Zahlen abhalten könnten, werden in die Mahnung einbezogen.

Beispiel 2: Heizungsservice (Wartungsunternehmen für Öl- und Gasheizungen)				
Werbeauftritt	Vertrags-anbahnung	Preisfindung	Auftrags-ausführung	Typischer Verzugskunde
Sofort präsent, zuverlässig, technisch versiert.	Die Kundenbe-ziehung besteht seit Jahren und wurde vom Vor-besitzer über-nommen.	Feste Stundenta-rife zuzüglich Material, Preis-liste vorhanden.	Was vorher nicht funktionierte, ist jetzt wieder in Ordnung. Die Notsituation ist behoben.	Wo Ordnung herrscht, wird prompt bezahlt. Wer es locker nimmt, ist eher gefährdet.

Kundenerfahrungen: zuverlässig, ordentlich, Helfer in der Not

Mahnstil: kurz und bündig, auf den eher lockeren Kunden zugeschnitten.

Schüpbach Ölfeuerungen   Iffistal 15
                                                          35500 Langenau

                                                          06.05.20XX

Aufforderung zum Tanz? Nein, zum Zahlen!
Rechnung Rapport-Nr. 1956

Sehr geehrter Herr Beck,

ohne Geld keine Qualität, und diese kann ich gewährleisten, wenn die Kunden meine Arbeit wert-schätzen.
Bitte überweisen Sie mein Guthaben über EUR 222,50 vom 2. April 20XX mit dem beiliegenden Überweisungsträger morgen, besser heute noch.
Sollten Sie anderer Meinung sein, rufen Sie mich an.

Freundliche Grüße
Robert Schüpbach

Hinweise zum Mahnstil:

Der Betreff zielt auf den lockeren Kunden und arbeitet mit einem harten Gegensatz, der überrascht und zum Weiterlesen animiert.

Ohne Wenn und Aber wird Geld und Qualität in einem kurzen Slogan zusammengefasst. Das ist plakativ und vor allem eindeutig, ohne Möglichkeit zur Interpretation.

Die Gleichsetzung von Zahlung und Wertschätzung im ersten Satz enthält das Signal „Mein Servicemann hat den Zahlungsverzug persönlich genommen". Dieser Eindruck wird verstärkt durch die Kontaktaufforderung „Rufen Sie mich an".

Das Schreiben enthält nur drei Sätze und wirkt deswegen kurz und bündig.

Beispiel 3: Privater Vermieter einer Eigentumswohnung				
Werbeauftritt	Vertrags-anbahnung	Preisfindung	Auftrags-ausführung	Typischer Verzugskunde
Zuverlässig, menschlich zugewandt, ein zurückhaltender Dienstleister.	Erstkontakt über eine Zeitungsannonce, Ort und Umgebung der Wohnung war für den Vertrag entscheidend.	Keine Preisdiskussion, der Preis stand von vornherein fest.	Tagesgenauer Einzug. Nach der Schlüsselübergabe waren die Nachbarn wichtiger als der Vermieter.	Probleme bereiten junge, alleinstehende Männer unter 35 Jahren.
Kundenerfahrungen: kennt den Vermieter nur von der Besichtigung, kein persönlicher Kontakt.				
Mahnstil: persönlicher Sprachstil				

Michael Blasi   Kramgasse 24
                                                             35699 Meschede

                                                             11.04.20XX
Wohnt es sich gut an der Gurtenstraße 23?

Sehr geehrter Herr Wiesel,

meine Mieter sind mir wichtig und ich freue mich, wenn Sie sich wohlfühlen.
Leider sind Sie nun aber mit Ihrer Aprilmiete in Verzug. Bitte überweisen Sie den fälligen Betrag
über

                          EUR 450,00 bis spätestens 21. April 20XX

auf mein Konto bei der Sparkasse Meschede, IBAN DE36 4645101200012448923:
BIC: WELADED1MES. Sie verstehen, dass ich Ihnen danach Mahnspesen und Zinsen berechnen
muss.
Und denken Sie bitte daran, Ihr Konto für die nächste Miete am 3. Mai im Plus zu halten. Sie erspa-
ren sich und mir leidige Mahnungen.
Gerne dürfen Sie mich anrufen oder in der Kramgasse 24 vorbeikommen.

Freundliche Grüße
Michael Blasi

Hinweise zum Mahnstil:

Fast jeder Satz besteht aus Kombinationen zwischen dem Ich des Vermieters
und dem Du des Mieters. Diese Sätze definieren Erwartungen zur Vermieter-
Mieter-Beziehung.

Der Vermieter weiß und drückt aus, dass die Wohnung die Insel zum Leben
ist, die er respektiert, sofern bezahlt wird. Die Drohung mit Mahnspesen und
Zinsen wird geschickt mit dem Halbsatz „Sie verstehen ..." eingeleitet und
damit relativiert. Es geht nur noch darum, diese angebliche Selbstverständlichkeit verständlich zu machen.

Beispiel 4: Hausverwalter				
Werbeauftritt	Vertrags-anbahnung	Preisfindung	Auftrags-ausführung	Typischer Verzugskunde
Präzise, pünktlich, umsichtig, mit hohem Engagement.	Persönliches Auswahlverfahren unter Vorlage von Referenzen.	Art und Umfang der Dienstleistungen und der dafür notwendige Zeitaufwand wurden intensiv diskutiert. Daraus errechnete sich dann der Endpreis.	Konkrete Zeiten und Dienstleistungen sind in einem Terminplan vereinbart, werden aber vom Dienstleister einseitig erbracht.	Wohnungseigentümergemeinschaften mittlerer Größe, bei denen sich ein paar Meckerer durchsetzen können.
Kundenerfahrungen: Auf den kann man sich verlassen. Mahnstil: Nüchtern, erstaunt, dass andere nicht so präzise sind.				

Hausdienste Frolek GmbH

Zeiselweg 3
87959 Rambeck

10.04.20XX

Freundlich, sauber und aufgeräumt

Sehr geehrte Frau Hübner,

mit hohem Engagement und pünktlich erledigen wir die Arbeiten, die Ihnen den Zugang zu Ihrer Wohnung verschönern.

Umso mehr sind wir erstaunt, dass Sie Ihren Anteil an der Quartalsabrechnung vom ersten Vierteljahr, fällig am 31. März, nicht bezahlt haben. Bitte holen Sie dies nach und überweisen uns den Betrag von

EUR 325,00 bis spätestens am 20. April 20XX.

Wir legen Ihnen einen Überweisungsträger bei, falls Sie die Rechnung verlegt haben sollten.

Freundliche Grüße
Janus Frolek

Hinweise zum Mahnstil:

Der Text drückt hohe Werte aus, die schon im Betreff als gemeinsame Werte angesprochen werden. Damit wird ein emotionaler Druck aufgebaut, der verstärkt wird durch das erstaunt sein. Der letzte Satz nimmt Druck weg: vom absichtlichen Nichtzahlen zur Nachlässigkeit.

Beispiel 5: Werbegrafiker				
Werbeauftritt	Vertrags-anbahnung	Preisfindung	Auftrags-ausführung	Typischer Verzugskunde
Sprühend vor Kreativität, mit Blick für das Machbare, gewandt und elegant.	Der gute Draht, um Ideen zu transportieren, war entscheidend. Dann wurden Probearbeiten abgeliefert.	Es war schwer, direkt eine Verbindung zwischen Leistung und Preis herzustellen. Die Einschätzung des Preises hängt vom späteren Erfolg ab.	Intensive Zusammenarbeit, Austausch von Ideen, Entscheiderkontakte auch bei Zwischenschritten notwendig, der Erfolg liegt völlig im Ungewissen.	Kunden, die den großen Wurf wollen und dann die große Enttäuschung einfahren.
Kundenerfahrungen: extrovertierte, engagierte Persönlichkeit. Mahnstil: emotionaler Sprachstil				

Müller Texte & Design   Industriestraße 23
                                                    98400 Freinerhall

                                                    03.07.20XX

Der Erfolg liegt in der Zukunft

Guten Tag, Herr Stiefel,

nach intensiver Zusammenarbeit ist es soweit: Ihr neuer Firmenauftritt steht und verspricht frischen Wind gepaart mit Zuverlässigkeit und Präzision. Auch wenn sich der davon versprochene Erfolg noch nicht rechnen lässt, lieber Herr Stiefel, möchte ich Sie dennoch beim Wort nehmen.
Präziser: Sie haben meine Rechnung vom 29. Mai noch nicht bezahlt.
Bitte überweisen Sie den Betrag von EUR 7.800,00 in den nächsten Tagen, jedoch bis spätestens am 13. Juli 20XX auf mein Konto bei der Volksbank Freinerhall.

Freundlich grüßt Sie
Heiner Müller, Ihr Werbegrafiker

Hinweise zum Mahnstil:

Der Kunde wird mit diesem Schreiben an die Kandare genommen, er kann schlecht ausweichen. Der Werbegrafiker macht deutlich, wie nahe er dem Kunden ist. Wenn der Schuldner Werte wie Zuverlässigkeit und Präzision in seine Identität einschließt, kann er – wenn er sich selbst gegenüber ehrlich ist – nicht anders als zahlen.

Beispiel 6: Produzent von Werkzeugteilen

Werbeauftritt	Vertrags-anbahnung	Preisfindung	Auftrags-ausführung	Typischer Verzugskunde
Qualitäts- und kostenorientiert, beweglich und schnell.	Ruf in der Branche, Vergleich mit Konkurrenten.	Präzise Aufwandskalkulation zu relativ festen Preisen, die der Markt bestimmt und beiden Seiten bekannt waren.	Präziser, technisch gesteuerter Ablauf entsprechend dem Leistungsverzeichnis, automatisierte Abwicklung ohne persönliche Kontakte.	Kleine, billige Zusatzleistungen, die als Dienstleistung zusätzlich und kostenfrei erwartet werden, unverhoffte Preissteigerungen.

Kundenerfahrungen: präzise, korrekt, sachlich
Mahnstil: nüchtern, geschäftlich

Firma Kasag & Co. Schrattstraße 1
89001 Bremgarten

15.05.20XX

Auch verschwindend Kleines kostet Geld

Sehr geehrter Herr Biedermann,

davon wissen Sie als Oldtimerspezialist ganz bestimmt ein Liedchen zu singen. Wir haben für Sie spezielle Bohrmaschinen-Aufsätze mit hohem Präzisionsaufwand angefertigt und pünktlich geliefert.
Bestimmt dürfen wir erwarten, dass Sie unsere – noch ausstehende – Rechnung vom 28. April über EUR 433,49 auch schnellstens bezahlen werden?
Bitte überweisen Sie den Betrag umgehend, bis spätestens 25. Mai 20XX auf unser Konto.

Freundliche Grüße
Eva Sandemier

Bankverbindung: Deutsche Bank München
IBAN: DE46303405030000224312, BIC: DEUTDEMMXXX

Hinweise zum Mahnstil:

Der Betreff steht nicht als Appell für sich, sondern wird zum Teil des ersten Satzes. Alles wurde zur Zufriedenheit abgewickelt, und deswegen wird die Bezahlung erwartet. Wer an den Präzisionsaufwand erinnert, erwartet auch die präzise Einhaltung von Zahlungsfristen. Die Zahlungsaufforderung könnte mit einem Ausrufezeichen versehen sein. Stattdessen wurde ein Fragezeichen gewählt. Die Frage beantwortet sich aber von selbst. Selbstverständlich muss bezahlt werden, das wird auch der Kunde ohne Weiteres einsehen.

10.5   Ein ausgefallenes Layout kann überzeugen

Mahnen und Drohen sind wie zwei Seiten einer Medaille. Wer nicht rechtzeitig bezahlt, handelt rechtswidrig. Also ist es nur recht, ihn auf die unangenehmen Konsequenzen hinzuweisen. So denkt wiederum der Gläubiger.

Haben sich Schuldner aber an ihr enges Liquiditätshemd gewöhnt, spielen andere Kriterien eine Rolle, wenn sie sich entscheiden, ob sie einen bestimmten Gläubiger nun bedienen oder nicht. Sympathieelemente können dabei das Zünglein auf der Waage sein.

Nachdem wir uns stilistisch auf die Kundenerwartung zubewegt haben, ist die Anpassung des Layouts auf den Kunden nur konsequent. Wir führen damit Werbeoptik ins Mahnschreiben ein.

Niemand käme auf die Idee, eine in einer Zeitschrift eingekaufte Werbeseite einfach mit Text zu füllen. Die Chance, dass sie gelesen würde, wäre zu gering, weil „nur Text" nicht anspricht. Also wird eine solche Werbeseite so gestaltet, dass

- die zentralen Aussagen sofort erkennbar sind,
- der Leser sich so angesprochen fühlt, dass er für kurze Zeit verweilt,
- die zentralen Botschaften folglich Zeit haben, sich zu verankern, damit sie im Gedächtnis bleiben.

Gleiches gilt für unsere Mahnbriefe. Sie werden schnell weggelegt, weil sie unangenehm sind. Wenn wir aber die richtigen optischen Reize setzen, verbessern wir unsere Chance, den Kunden zu erreichen.

Das Auge des Lesers führen

Sie kennen Ausdrücke wie „die Augen niederschlagen", „über etwas hinwegsehen" oder „die Augen zum Himmel richten". Solche Redewendungen drücken sprachlich unsere Beobachtung aus, dass Augenbewegung und Denkmuster miteinander verbunden sind und sich beeinflussen. Unsere Augen begleiten unsere Gedanken nach einem feststehenden Schema.

Erinnern wir uns an Bilder aus der Vergangenheit, neigen die Augen dazu, nach links oben zu wandern. Konstruieren wir ein Bild in der Zukunft, wandern sie nach oben rechts. Kommen Emotionen ins Spiel, bewegen sich die Augen nach unten rechts. Hörerlebnisse lassen die Augen geradeaus, wenn sie die Vergangenheit betreffen, eher nach links, bei zukünftigen Situationen nach rechts wandern. Es gibt individuelle Abweichungen und persönliche Eigenarten.

Diese Grundmuster treffen aber auf die meisten Menschen zu. Es macht fast den Eindruck, als würden die Augen auf einer imaginären Leinwand an bestimmten Stellen etwas suchen. Als wären den Augen bestimmte Orte besonders angenehm, wenn es um die Rekonstruktion oder Konstruktion von Sinneseindrücken geht. Das System funktioniert aber auch umgekehrt. Es gibt bevorzugte Orte auf einem DIN-A4-Blatt, das wir lesen, die zu bestimmten Denk- und Empfindungsstrukturen passen – gewissermaßen so, als würden die Augen sie an diesen Stellen erwarten.

Die Erinnerung des Schuldners an die in der Vergangenheit geleistete Arbeit gehört in einer Mahnung deshalb in den Bereich oben links. Die Aufforderung zu zahlen, und damit etwas in der Zukunft zu tun, sollte so weit oben wie möglich nach rechts gerückt werden. Bei der Platzierung eines PS sind wir frei, ob wir es mehr nach links oder nach rechts rücken. Ein solches PS ist der ideale Ort, einen emotionalen Appell zu platzieren.

Auf der folgenden Seite sehen Sie ein Gestaltungsschema, das die Regeln der Augenbewegungsmuster berücksichtigt. Wie dieses Schema in einem konkreten Mahnschreiben praktisch angewendet werden kann, zeigt die darauf folgende Seite an einem Beispiel.

Für die Augenbewegungsmuster günstige Platzierungsorte in einem Mahnschreiben

Oben links:
Erinnern von Bildern
oder von Filmen

Oben rechts:
Konstruieren von Bildern,
bildhafte Vorstellungen

Hierher gehört, woran sich der Schuldner erinnern soll:
- Fotos, Rechnung
- Aufforderung: Bitte erinnern Sie sich ...

Hierher gehört, was sich der Schuldner bildhaft vorstellen soll:
- Konsequenzen
- ein mahnender Finger als Bild
- Aufforderung: Stellen Sie sich vor ...

Mitte links:
Erinnern von Klängen, Musik,
Stimmen, einem Gespräch,
einer Besprechung

Mitte rechts:
Konstruieren von Tönen,
Vorstellungen darüber,
wie etwas klingen könnte

Hierher gehört die Erinnerung an etwas mündlich Vereinbartes
- erinnern Sie sich an ...
- wir hatten vereinbart ...

Hierher gehört, was sich der Schuldner akustisch vorstellen soll
- ich rufe Sie an
- wir werden darüber reden

Unten links:
Dialog mit sich selbst, sich
selbst etwas fragen, Selbstgespräch, Abwägen

Unten rechts:
Gefühlsinhalte

Hierher gehört, was der Schuldner bei seiner Entscheidung berücksichtigen soll
- zahle ich oder zahle ich nicht
- Aufforderung: Überlegen Sie sich ...

Hierher gehört die Beeinflussung der emotionalen Situation
- wir hoffen, dass ...
- ein Appell: Lassen Sie uns nicht im Stich
- alles, was emotional sonst in ein PS gehört

Beispiel einer Mahnung, die nach den beschriebenen Augenbewegungsmustern aufgebaut ist

F. Schlatterer, Baufachhandel, Kiesstraße 35, 71005 Steinhausen

Herr
Hanns von Mauer
GeBau GmbH
Dorfstraße 37
71002 Sandgrund

10. Januar 20XX

Erinnern Sie sich
- **an unsere prompte Lieferung von Porphyr Mauersteinen?**
- **an unsere Rechnung Nr. 2976 vom 02. Dezember 20XX über EUR 1.630,00?**

Sehr geehrter Herr von Mauer,
2 Tonnen Steine, Typ Natursteine, schmücken vielleicht schon die Böschung eines Gartens. Dass wir in guten Geschäftsbeziehungen stehen, bedeutet für mich viel.

Deshalb möchte ich Sie auch in Zukunft prompt und pünktlich beliefern.

Sie verstehen: das kann ich nur, wenn prompt und pünktlich bezahlt wird.

Ist meine Rechnung vergessen worden oder untergetaucht? Mit dieser Mahnung bitte ich Sie um Überweisung bis zum 15. Januar 20XX.

Freundliche Grüße

F. Schlatterer
Fritz Schlatterer

Vielleicht haben Sie einen Engpass, lassen Sie uns gemeinsam handeln. Rufen Sie mich an!

Das Beispiel oben wurde nach den beschriebenen optischen Kriterien aufgebaut. Der Text hat eine ungewöhnliche Wirkung, weil:

- Der optische Aufbau in Spalten mit bewusst gestalteten Textlücken auffällig und ungewöhnlich ist. Der Leser, der Text erwartet, findet leere Räume vor, die ihm signalisieren sollen: Da fehlt (noch) etwas; so wie ja auch seine Zahlung auf die Rechnung noch fehlt.

- Der Text führt die Augen von der bildhaften Erinnerung (Lieferung der Mauersteine, Ort: oben links) in die Zukunft der Beziehung (... in Zukunft, Ort: mittig, rechts).

- Mit der eher rhetorischen Frage, ob die Rechnung vergessen oder verloren wurde, soll ein innerer Dialog beim Kunden ausgelöst werden.

- Mit dem PS unten rechts wird das Gefühl angesprochen und inhaltlich an das aufgebaute Vertrauen und das schlechte Gewissen des Kunden appelliert. Die Aufforderung „Rufen Sie mich an!" drückt einen Kontaktwunsch aus, den man auch umdrehen kann. Dann wird er zur Drohung, nach dem Motto: „Bitte bezahlen Sie oder rufen Sie mich an, widrigenfalls komme ich direkt und persönlich, evtl. per Telefon auf Sie zu."

Fotos, Farben, Formen

Die Wirkung eines Mahnschreibens als Gesamtbild wird deutlich gesteigert, wenn außer dem Text und seiner Anordnung weitere optische Elemente zur Gestaltung benutzt werden. Visuelle Anker können Sie auf verschiedene Art setzen:

- **Einsatz von Bildern**

  Bekanntlich sagen Bilder mehr als tausend Worte. Bilder sind Auslöser, die in anderen Bereichen unseres Gehirns verarbeitet werden als das Verstehen eines Textes. Bilder lösen also zusätzliche Reize aus.

Muster 1: Bilder

6. Dezember 20XX

Rechnung vom
06.11.20XX
EUR 4.500,00

Mahnung!
Warum mehr bezahlen?

Sehr geehrte Frau Immer-Spät,

Muster 2: Bilder

6. Februar 20XX

Mahnung!

Warum mehr bezahlen?

Sehr geehrter Herr Ichweiß von Nichts,

Muster 3: Bilder

10. März 20XX

Die Zeit drängt!

Sehr geehrte Frau Lieber-Morgen,

Wenn Sie in Ihrer Werbelinie mit Fotografien arbeiten, bietet es sich an, diese Fotografien auch im Mahnschreiben zu verwenden.

- **Farbe**

  Wie viel Farbe Sie einsetzen, hängt davon ab, welches optische Erscheinungsbild Sie sonst in Ihrem Schriftverkehr bevorzugen. Wer sonst keine Farbe verwendet, kann nicht plötzlich bunt werden.

  Sobald Sie Farbe verwenden, setzen Sie einen starken visuellen Auslöser. Jede Farbe hat eine ihr zuordenbare Charakteristik.

Farbeinsatz für Mahnschreiben	
Farbe	**Charakteristik**
rot	warm, sympathisch, aktiv
blau	kühl, technisch, steht für Zuverlässigkeit, Ernst, Zahlen
grün	Natur, Sicherheit, Üblichkeit
gelb	Ideen, Begeisterung, Aufbruch

Die folgenden Beispiele sollen dies veranschaulichen:

Beispiel 1: Farben
Ein Arzt verwendet für seine Mahnung ein leicht gelbes Papier, für den Betreff ein warmes, helles Rot und für die Unterschrift einen grünen Filzschreiber.

Beispiel 2: Farben
Ein Gärtner benutzt sein in Grüntönen gehaltenes Logo als Anziehungspunkt oben links, bleibt im Betreff bei Schwarz, weil Rot nicht passen würde, setzt dann aber die Zahlen in Blau und unterzeichnet mit einer Faksimileunterschrift in einem helleren Blau.

- **Ein zweispaltiges Layout**

  Beobachten Sie selbst, wie Sie diesen Text lesen und wie lange Sie dabei verweilen.

Muster 4: Zweispaltige Mahnung

10. März 20XX

Der richtige Zeitpunkt ist jetzt!

Sehr geehrter Herr Roth,

haben Sie sich Anfang Februar nicht darüber gefreut, dass wir Ihre Bestellung prompt erledigten und Ihnen der Postbote die Qualitätsunterwäsche genau zum richtigen Zeitpunkt ins Haus brachte?

Ebenso freuen wir uns, wenn Sie unverzüglich unsere Rechnung begleichen, am besten noch heute, spätestens bis zum 16. März 20XX.

Unsere Rechnung:

Datum: 6. Februar 20XX
Betrag: 69,00 EUR

Die Tatsachen:

Sie befinden sich in Verzug
Dies ist eine Mahnung, die Mahngebühr beträgt EUR 5,00.
Der Verzugszinssatz beträgt 4,37 %.

Unsere Meinung:

Wir schätzen Sie als guten Kunden
Wir verlassen uns darauf, dass der Betrag über 74,00 EUR am 16. März XX bei uns auf dem Konto liegt.

Freundliche Grüße

Sabine Vondereck

Gemeinsame Freude ist doppelte Freude!

Arbeiten wir mit Spalten, nimmt das Auge voneinander abgegrenzte Flächen wahr. Der übliche Leserhythmus von links oben nach rechts unten in Zeilen funktioniert nicht. Der Text wirkt dadurch interessant. Der Leser hat aber die Tendenz, von einer Fläche zur andern zu springen und unsystematisch zu lesen. Zweispaltige Mahnungen müssen deshalb kurz sein, damit sie gelesen werden. Innerhalb der einzelnen Flächen unterstützt eine klare Gliederung und Fettschreibweise das Lesen.

- **Mahnung im Dreiecksformat**

Sich verjüngende Blocksätze und andere mit jedem Schreibprogramm einfach zu realisierende Formen sind selten und deswegen optisch interessant. Vielleicht erscheinen Ihnen diese Mahnungen im Dreiecksformat versponnen. Wäre die Optik langweilig und nichtssagend, hätten Sie sich mit ihr nicht auseinandergesetzt. Die mögliche Ablehnung zeigt also, dass besondere Formen von hoher Wirksamkeit sind. Allerdings kann sie nicht jeder einsetzen. Zu einem jungen Unternehmen, einer Druckerei oder einem Künstler könnte dieses Layout jedoch passen.

Muster 5: Mahnung im Dreiecksformat

Warm, wohlig, weich sind sie, unsere Earbags, aber nicht kostenlos

Liebe Frau Buchholz, wir hoffen doch, dass Sie sich über unsere schnelle
Erledigung Ihrer Bestellung gefreut haben. Sie erinnern sich? Es waren
besondere Earbags, die fortan Ihre Ohren warmhalten, ohne dass
Sie Ihre Frisur mit einer Mütze beeinträchtigen müssen.
Leider haben Sie die Rechnung über 16,70 EUR
noch nicht beglichen. Mahnung! Bitte!
Nur wenn Sie den Betrag bis
15. März 20XX bezahlen,
erlassen wir Ihnen die
Mahngebühr von
5,00 EUR!
Warme
Grüße

G. Müller

Firma Sport & Snow

Dass dieses Muster nicht einfach übertragbar ist, versteht sich von selbst. Es zeigt aber, wohin man gelangen kann, wenn man inhaltlich und optisch an einer Mahnung feilt.

Tipp:
Spielen Sie mit neuen Layout-Formen. Ihr Risiko wird durch die Sicherheit belohnt, nicht übersehen zu werden.

10.6 Richtig verpacken

Selbstverständlich werden auch in Zukunft fast alle schriftlichen Mahnungen in einem schlichten Briefumschlag verpackt und versandt. Wie wir aber hinsichtlich des Stils und Layouts immer wieder für etwas Neues werben, gilt dies auch für die Verpackung. Wer sich auffällig gibt, wird eher wahrgenommen. Um den bestmöglichen Erfolg zu erzielen, müssen sich Ihre Mahnungen von anderen unterscheiden. Das kann beim Briefumschlag anfangen. Denken Sie also einmal daran, einen leicht farbigen Briefumschlag zu verwenden. Oder stellen Sie Ihre letzte Mahnung mit einem roten Briefumschlag besonders heraus.

Auch bei der Verpackung gilt: Je individueller, umso besser. Wenn Ihnen ein bestimmter Kunde also besonders wichtig ist, können Sie durchaus handschriftlich die Adresse auftragen und eine passende Briefmarke aufkleben. Gehen Sie dabei von sich selbst aus: Macht uns nicht ein Brief, der von Hand adressiert ist, neugierig? Automatisch werden Suchmuster ausgelöst, innere Vergleiche mit ähnlichen Schriften uns bekannter Menschen gezogen und wir öffnen den Brief mit Interesse. Häufig werden solche Briefe zuerst geöffnet.

Der geringste Effekt eines solchen Briefes ist, dass der Kunde zu dem Schluss kommt, man erachtet ihn für so wertvoll, dass man ihm von Hand etwas schreibt.

Unzulässig sind Kennzeichnungen auf der Verpackung, die den Schuldner in der Öffentlichkeit herabsetzen. Weil Mahnungen immer noch als ehrenrührig gelten, wäre also ein großer schwarzer Aufdruck quer über den Briefumschlag „Letzte Mahnung" sehr effizient, aber eindeutig unzulässig. Sonstige Aufdrucke auf dem Briefumschlag wie „ein wichtiges Schreiben Ihrer Hausverwaltung" o. Ä. sind Geschmacksache. Sie fallen einerseits auf, andererseits arbeiten typische Massenwerbesendungen mit einer solchen Optik, die uns deswegen nicht gefällt. Aber wie immer gilt: Ausprobieren, ggf. bei größeren Stückzahlen Messungen durchführen.

10.7 Individueller Brief oder Standard-mahnschreiben?

Wir alle mahnen und ermahnen in unserem persönlichen Umfeld täglich. Überall wo Vereinbarungen und Regeln das zwischenmenschliche Zusammenleben bestimmen und vorhersehbar machen, kommt es zu kleinen Abweichungen. Teil des Systems ist die Korrektur durch eine (Er-)Mahnung.

Diese Erfahrung aus dem Alltag wenden wir wie selbstverständlich an, wenn wir zum ersten Mal im beruflichen Umfeld (schriftlich) Kunden mahnen. Daraus wird dann ein mehr oder weniger persönlicher Brief. Je besser dieser Brief auf die individuellen Umstände eingeht und unseren Wunsch nach sofortiger Zahlung ausdrückt, um so höher die Wahrscheinlichkeit, dass die Ermahnung fruchtet.

In kleineren Unternehmen und überall dort, wo nur wenige Mahnschreiben im Monat anfallen, bleibt man auf dieser Stufe. Nimmt die Anzahl der Mahnschreiben dann zu, kommt irgendwann und oft, ohne dass man sich darüber besondere Gedanken macht, der Schritt zum Standardmahnschreiben. Es muss auf alle Mahnfälle passen und wird deshalb so allgemein wie möglich gehalten.

Damit verliert es viele Elemente, die individuell auf den Kunden eingehen. Die Zahlungsforderung hängt juristisch abgestützt in der Luft und verliert die konkrete Kundenbeziehung als Basis. Die persönlich genommene Notwendigkeit wird durch das Rechtsprinzip ersetzt und damit wird sie kalt. Wenn wir also ein individuelles Mahnschreiben aller individueller Merkmale entkleiden, büßt es gravierend Wirksamkeit ein.

Tipp:
Je allgemeiner Standardmahnbriefe sind, um so problemloser können sie für alle Arten von Mahnungen eingesetzt werden und um so weniger wirksam sind sie.

Das ist die Gefahr, die in jeder Routine liegt: Je mehr das Engagement nachlässt, um so mehr verflacht auch die Wirkung. Unsere Ziele beim Entwickeln von ~~Standardmahnbriefen~~ sind deshalb:

- ~~so individuell wie möglich bleiben,~~
- ~~hohes persönliches~~ Engagement ausdrücken.

Geben Sie das Ziel auf, **ein** Standardmahnschreiben zu entwickeln. Entwerfen Sie stattdessen mehrere Standardmahnschreiben. Ein hilfreiches Tool ist der **Mahnfächer.**

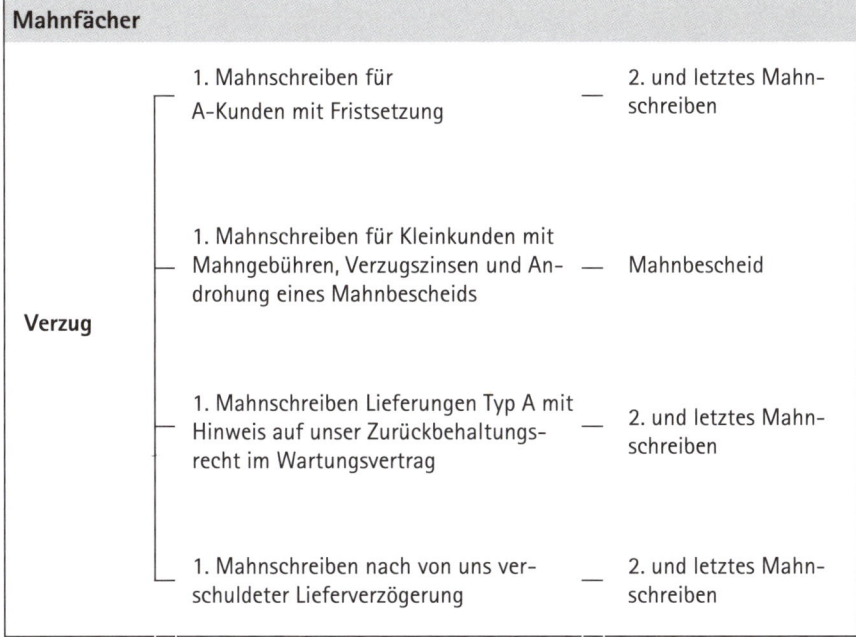

Mahnfächer		
	1. Mahnschreiben für A-Kunden mit Fristsetzung	— 2. und letztes Mahnschreiben
Verzug	1. Mahnschreiben für Kleinkunden mit Mahngebühren, Verzugszinsen und Androhung eines Mahnbescheids	— Mahnbescheid
	1. Mahnschreiben Lieferungen Typ A mit Hinweis auf unser Zurückbehaltungsrecht im Wartungsvertrag	— 2. und letztes Mahnschreiben
	1. Mahnschreiben nach von uns verschuldeter Lieferverzögerung	— 2. und letztes Mahnschreiben

Basis des Mahnfächers ist der Zahlungsverzug. Fächern Sie die erforderlichen Mahnschreibens in unterschiedliche, aber standardisierbare Typen auf.

Typenkriterien könnten z. B. folgende Parameter sein:

- Art der Kunden (Alter, Geschlecht, Einmal-/Dauerkunde, Neu-/Altkunde),

- Art des Auftrags (Volumen, eigenes Interesse an solchen Aufträgen, Art der eigenen Leistung),

- besondere Umstände, die standardisierbar sind (Messeauftrag, Auftrag aufgrund einer bestimmten Werbung).

Beispiel: Mahnung nach Messen

Es kann sich lohnen, die nach einer Messe anfallenden Mahnungen zu standardisieren. Der Kunde wird mit einer solchen Mahnung in der (standardisierbaren) Situation am Messestand noch einmal abgeholt.

Für unsere sechs Beispielfirmen, die wir unseren Mahnschreiben zugrunde gelegt haben, könnten sich z. B. diese Typen ergeben:

Beispiele: Mahnfächer	
Gärtner	▪ Neugartenanlage ▪ Einmal-Pflegearbeiten ▪ Dauerkunde für Pflegearbeiten ▪ Erstauftrag unter 1.000 EUR ▪ Erstauftrag über 1.000 EUR
Brennerservice	▪ Kunde mit Abonnement ▪ Notfallkunde ohne Abonnement ▪ Rechnungen mit Zuschlägen für Nacht- und Feiertagsarbeit
Vermieter	▪ Neukunde unter 6 Monate ▪ Nebenkostenabrechnungen ▪ Mieter, mit denen das Mietverhältnis beendet werden soll
Hausverwalter	▪ Wohnungseigentümer Wohnanlage A ▪ Wohnungseigentümer Wohnanlage B ▪ Firmenkunden ▪ Kunden mit Pflegeservice Einfamilienhäuser
Werbegrafiker	▪ Kunden von Mitarbeiter A ▪ Kunden von Mitarbeiter B ▪ Kunden von Mitarbeiter C
Produzent von Werkzeugteilen	▪ Produktgruppe A ▪ Produktgruppe B ▪ Reparatur- und Servicerechnungen

Im Mahnfächer wird nun für jeden ausgemachten Mahntypen ein Standard-mahnschreiben entworfen. Eine solche Individualisierung verspricht höhere Erfolge als ein einziges Standardmahnschreiben.

Tipp:
Je individueller, um so besser.

Mit den einzelnen Typen im Mahnfächer sind Sie bereits näher an der konkre-ten Kundensituation. Gestalten Sie diese Nähe so intensiv wie möglich, weil sie ein Zahlungsauslöser ist. Die folgende Übersicht zeigt Ihnen, wie Sie trotz Standardisierung Ihre Kunden individuell ansprechen können:

Möglichkeiten einer standardisierbaren, individuellen Ansprache des Kunden	
Korrekte Adressdaten	Ehe wir einen Brief öffnen, prüfen wir als Empfänger die Adressdaten. Sind Vornamen nicht ausgeschrieben oder stimmt die Schreibweise der Adresse nicht, wird dies als gravierender Fehler eingestuft. Deswegen immer wieder der Appell: Adressdaten präzise erheben **und** pflegen.
Betreff	Natürlich können in den Betreff Auftragsnummer, Be-stellnummer o. Ä. als individualisierende Merkmale aufgenommen werden. Oft wird man sich gleichwohl für einen allgemein gehaltenen Appell entscheiden und stattdessen im Mahntext die Bezugsdaten durch Fett-schreibweise hervorheben.
Persönliche Anrede	Über einen Platzhalter können Sie die persönliche Anre-de in Standardmahnschreiben problemlos integrieren. Gleichwohl werden nach wie vor Standardmahnschrei-ben mit der Anrede „Sehr geehrte Damen und Herren" verschickt. „Die kennen mich nicht und interessieren sich auch nicht", wird regelmäßig die erste Reaktion des Empfängers sein. Damit schaffen Sie unnötige Distanz.
Mahntext	Hier wird bis zum Mahntypus individualisiert. Auf den einzelnen Kunden individualisiert wird mit Rechnungs-nummer, Datum und Forderungsbetrag.

Möglichkeiten einer standardisierbaren, individuellen Ansprache des Kunden	
Kontaktangebot	Bitten Sie Ihren Kunden um Rückruf, und nennen Sie dafür den Sachbearbeiter und die Durchwahltelefonnummer. Obwohl das mit Standardtext geschieht, hat es eine individuelle Wirkung. Der Kunde fühlt sich direkt angesprochen. Dieses Angebot wirkt, selbst wenn es nicht in Anspruch genommen wird.
PS	Nutzen Sie den besonders wichtigen Ort des PS zu einem Appell, der, obwohl allgemein gehalten, den Kunden persönlich erreichen kann.

10.8   Eskalation über drei Mahnstufen

Natürlich ist es verwirrend, wenn in den meisten Fällen Rechnungen gar nicht mehr gemahnt werden müssen und wir sofort einen Mahnbescheid beantragen dürfen. Mahnen wir dann dennoch aus Kundenfreundlichkeit, fällt es schwer, den richtigen Ton zu finden, wenn man nur eine einzige Mahnung versendet. Diese Mahnung trifft nämlich genauso auf die Vergesslichen wie auf die Unverbesserlichen. Deswegen verkürzen viele die bisherige Mahnpraxis mit mehreren Mahnschreiben nur zögerlich.

Gehen Sie so vor:

- Wenn Sie mehr als drei Mahnungen versenden, verkürzen Sie auf drei Mahnungen.
- Verwenden Sie neue, systematisch eskalierende, also an Schärfe zunehmende Texte.
- Verkürzen Sie die Fristen zwischen den Mahnläufen, mahnen Sie also schneller.

Wenn Sie Ihr Mahnwesen auf diesem Weg modernisiert haben, führen Sie später anstelle der dritten Mahnung eine Telefonmahnung ein und versuchen Sie, wiederum später, bereits die zweite Mahnung durch eine Telefonmahnung zu ersetzen.

Im Folgenden stellen wir Ihnen den ersten Schritt, die Eskalation über drei Mahnstufen dar, um zu zeigen, wie im Text eskaliert werden kann.

Die Vielmahner, die mehr als drei Mahnungen versenden, gibt es immer noch. Die Tendenz zur Verkürzung auf weniger als drei Mahnungen ist allerdings erkennbar. Der Mahnfächer hat uns bereits eine Typisierung von Standardsituationen gebracht, die wir mit Standardmahnschreiben bedienen können. Mit diesem Fächer kann auch für die zweite Mahnung weiter gearbeitet werden.

Für bestimmte Typen, z. B. kleine Rechnungsbeträge oder den Mahntypus Erstkunden ohne Bindung, könnte man zur Kostenersparnis ohne Umweg ins gerichtliche Verfahren gehen. Bestimmte andere Typen, z. B. A-Kunden oder Kunden, von denen man sich nachfolgende Geschäfte verspricht, wird man eher schonen und bei ihnen zur zweiten Mahnung greifen.

Je nachdem, für wie viele Mahnstufen Sie sich entscheiden, gibt dies die Anzahl der Eskalationsstufen vor.

Arbeiten Sie mit drei Mahnstufen, können Sie sich in der ersten Mahnung auf die Vergesslichen und Nachlässigen konzentrieren, auf die Sie bei der zweiten Mahnung dann keine Rücksicht mehr nehmen müssen.

Mit der zweiten Mahnung erreichen Sie also vorgewarnte und hartnäckige Kunden, die deutlich weniger Rücksichtnahme brauchen. Die zweite Mahnung ist daher in ihrem Stil und Inhalt eine notwendige Eskalation. Das innere Bedürfnis des Gläubigers nach der Eskalation ist aber meist größer als der Effekt beim Kunden. So berechtigt Vorwürfe in der zweiten Mahnung auch sein mögen, so wenig regen Vorwürfe zur Zahlung an.

Tipp:
Unterlassen Sie Vorwürfe, aber eskalieren Sie.

Möglichkeiten der Eskalation:

- Mahngebühren
- Zinsforderungen
- Drohungen

Mahngebühren

Mahngebühren können Sie in aller Regel bereits auf die erste Mahnung setzen (vgl. Kapitel 1.8 „Aus Verzug wird Schadenersatz"). Verschicken Sie die erste Mahnung aber ohne Mahngebühren, haben Sie jetzt die Möglichkeit, Mahngebühren als einen Eskalationsschritt darzustellen. Spätestens in der zweiten Mahnung müssen Mahngebühren eingefordert werden, andernfalls erhält der Kunde das falsche Signal. Weil Mahngebühren spätestens in der zweiten Mahnung üblich sind, würden Sie ohne Mahngebührenforderung im Ranking der Gläubiger, das der Schuldner aufstellt, um einige Plätze zurückfallen.

> **Tipp:**
> Zweite Mahnungen ohne Mahngebühren sind wie Strafzettel ohne Überweisungsschein.

Weil Mahngebühren vor allem einen psychologischen Effekt haben, setzt man sie in der Forderungsaufstellung direkt unter den eingeforderten Rechnungsposten.

Zinsen

Für die Zinsen gilt dasselbe wie für die Mahngebühren: Sie können bereits auf der ersten Mahnung ausgewiesen werden, wenn der Schuldner sich im Verzug befindet (vgl. Kapitel 1.8 „Aus Verzug wird Schadenersatz").

Wenn Sie in kurzen Zeitabständen mahnen, kann der Zinsbetrag noch nicht hoch sein. Es wirkt deswegen vor allem der angegebene, maximal hohe Zinssatz, der dem Kunden signalisiert, dass der Kredit bei diesem Lieferanten teurer ist als bei anderen oder bei der Hausbank. Lassen Sie die Zinsen nicht erst mit dem Datum der zweiten Mahnung beginnen, sondern fordern Sie Zinsen ab dem frühestmöglichen Zeitpunkt. Zur Berechnung wann Verzug eintritt vgl. Kapitel 1 „Der Gläubiger mit Rechtskenntnissen setzt sich durch".

Drohen

Mit Mahngebühren und Zinsforderungen haben Sie dem Kunden bereits deutlich gemacht, dass er schadenersatzpflichtig ist. Mit einer zusätzlichen Drohung wird die eigene Ernsthaftigkeit unterstrichen. Mehr ist nicht notwendig. Die dritte Mahnung wird als letzte Mahnung gekennzeichnet und enthält das schwere Geschütz der Drohung.

Hitliste der Drohgebärden	Einschätzung durch Schuldner-unternehmen als stark und sehr stark wirksam[2]
Einleitung des gerichtlichen Mahnverfahrens	74 %
Einschaltung eines Inkassoinstituts	71 %
Kürzung des Kreditlimits	68 %
Einschaltung eines Rechtsanwalts	65 %
Lieferstopp	64 %
Androhung gerichtlicher Schritte	61 %
Kündigung der Geschäftsbeziehung	60 %

Drohen Sie nur mit Maßnahmen, die Sie anschließend auch präzise und pünktlich ausführen werden, ansonsten leidet die eigene Glaubwürdigkeit.

Dreistufige Eskalation		
		Letzte Mahnung mit erhöhten Mahngebühren, ausgerechneten Zinsen und der Drohung des Mahnbescheids unter Fristsetzung
	Mahnung mit Mahngebühren, Verzugszinsen und Androhung eines Lieferstopps unter Fristsetzung	
Mahnung mit kurzer Fristsetzung		
Mahnstufe 1	**Mahnstufe 2**	**Mahnstufe 3**

[2] Weiß, Bohlik „Erfolgsfaktoren der Forderungsrealisation in der Unternehmenspraxis", InDiag –- Institut für Unternehmensdiagnose, Bochum, 2005, S. 21.

Verkürzen Sie von drei Mahnstufen auf zwei, fällt es relativ leicht, die zweite und dritte Stufe zusammenzuziehen. Der schwierige Schritt ist die Intensivierung der ersten Mahnstufe, die noch eine deutlich höhere Anzahl von Kunden erreicht als die zweite und dritte Stufe und die häufig die Funktion einer Vorwarnung übernimmt.

Zweistufige Eskalation	
	Letzte Mahnung mit erhöhter Mahngebühr, Verzugszinsen, Drohung mit Mahnbescheid
Mahnung mit kurzer Fristsetzung, Mahngebühren und Verzugszinsen	
Mahnstufe 1	**Mahnstufe 2**

Einer Verkürzung der Mahnstufen auf nur noch eine Mahnung werden Erfahrungen mit der zweistufigen Mahnung vorausgegangen sein. Die Kunden kennen also das Verfahren und die Inkassoabteilung hat gelernt, mit den Negativreaktionen umzugehen.

Achten Sie auf deutliche Zahlungsaufforderungen auf der Rechnung. Beschränken Sie sich nicht darauf, diese einzige Mahnung als solche zu kennzeichnen, sondern sagen Sie auch deutlich im Text, dass der Mahnbescheid der nächste Schritt sein wird.

Einstufige Eskalation	
Mahnung mit kurzer Fristsetzung, Mahngebühren, Verzugszinsen und der Ankündigung des Mahnbescheids unter kurzer Fristsetzung	Mahnbescheid

Beispiel einer Eskalation über drei Mahnstufen

Ein Handwerksbetrieb hat häufig nach Badezimmerrenovierungen Mahnungen zu versenden und diese Mahnungen über drei Mahnstufen standardisiert.

Auf den folgenden drei Seiten sehen Sie für jede Mahnstufe ein kommentiertes Beispielmahnschreiben.

Beispiel: Mahnstufe 1

6. Juni 2014

Rechnung vom
06.05.2014   **Mahnung!**   **1)**
EUR 4.500,00   **Warum mehr bezahlen?**

Sehr geehrte Frau Wiedemann,

wir freuen uns, wenn Sie sich in Ihrem renovierten Badezimmer bei einem wohlig warmen Bad, vielleicht mit Kerzenlicht und einem guten Buch, entspannen.

Heute stellen wir jedoch fest, dass Sie Ihre Rechnung von 4500,00 EUR noch nicht bezahlt haben. Möglich, dass Sie es vergessen haben. So etwas kann passieren, aber damit gerechnet haben wir nicht, denn

→ wir haben spitz kalkuliert und
Ihnen einen guten Preis gemacht!

Seit heute befinden Sie sich in Verzug, und wir können Ihnen den gesetzlichen Zinssatz von 6,21 % berechnen. Bereits auf unserer Rechnung haben wir darauf hingewiesen.

Rechnung vom 6. Mai 2014, Renovierung Badezimmer, pauschal	4.500,00 EUR
Mahngebühr	5,00 EUR
4,37 % Zinsen für den Zeitraum vom 06.06. bis 12.06.	3,28 EUR
Zahlbetrag	4.508,28 EUR

Liebe Frau Wiedemann, wenn der Betrag bis am 12. Juni 2014 bei uns eingegangen ist, erlassen wir Ihnen den bis dahin anfallenden Zinsbetrag und die Mahngebühr. 3)

Freundliche Grüße

Eva Konquent

BAD- und KÜCHE GmbH

Tun Sie sich und uns etwas Gutes, sparen Sie 8,28 EUR, zahlen Sie sofort!

1) Die Rechnung wird im Betreff als Bild dargestellt.
2) Das Wort Mahnung hat ein Ausrufezeichen erhalten und wird optisch so platziert, dass zwischen dem Rechnungsbild und der Mahnung der Abstand eine gewisse Spannung schafft. Die beiden Dinge gehören zusammen, sind sich aber nicht nah. Das Wort „Mahnung" wird nicht näher bezeichnet, also nicht „erste Mahnung" genannt. Es steht wie mit Appellcharakter für sich. Darunter wird die Frage ausgesprochen, die einen redlichen Schuldner beim Lesen bewegt: Mehr bezahlen? Warum passiert mir das?
3) Die hervorgerufene Emotion wird dann durch den Erlass kurz vor der Unterschrift aufgenommen und als Zahlungsauslöser genutzt.

Beispiel: Mahnstufe 2

		14. Juni 2014

Rechnung vom
06.05.2014 .   **Dringende Mahnung!**   1)
EUR 4.500,00   **Jetzt müssen Sie doch mehr bezahlen!**

Sehr geehrte Frau Wiedemann,
wir sind sehr erstaunt, dass Sie auf unser Mahnschreiben nicht reagieren.   2)
Sie wissen es: 3)
→ wir haben spitz kalkuliert und Ihnen   **Wir sind keine Bank, die Sie**
einen guten Preis gemacht!   **in Anspruch nehmen können!**
Seit dem 6. Juni befinden Sie sich in Verzug, und wir berechnen Ihnen den gesetzlichen
Zinssatz von 4,37 %.

Rechnung vom 6. Mai 2014, Renovierung Badezimmer, pauschal	4.500,00 EUR
Mahngebühr	10,00 EUR
4,37 % Zinsen für den Zeitraum vom 06.06. bis 22.06.	8,47 EUR
Zahlbetrag	**4.518,47 EUR**

Bitte bezahlen Sie den ganzen Betrag umgehend, spätestens bis am 22. Juni muss das Geld
bei uns auf dem Konto eingegangen sein.   4)
Freundliche Grüße
Eva Konquent
BAD- und KÜCHE GmbH

                      Rufen Sie uns an, wenn Sie
                      in   Schwierigkeiten   sind.
                      Wir suchen mit Ihnen nach
                      gemeinsamen Lösungen!

---

1) Im Betreff wird die Optik der ersten Mahnung wiederholt und bereits eskaliert. Aus
der Mahnung wurde die dringende Mahnung, aus der Frage „Warum mehr bezahlen?"
die Feststellung, dass mehr bezahlt werden muss.

2) Aus der Freude des ersten Mahnschreibens wird das Erstaunen auf der zweiten
Mahnstufe. Erstaunen ist ein sehr allgemeines Wort, hinter dem man auch schon
aufkeimenden Zorn vermuten kann, der noch unterdrückt wird.

3) Der Hinweis auf den spitz kalkulierten Preis wird kürzer und mit dem Satz „Sie wissen:" auch stilistisch härter. Es folgt der hervorgehobene Hinweis auf die konsequen-
te Zinseinforderung.

4) Auch bei der Zahlungsaufforderung wird eskaliert. Die Bitte, und zwar nach dem
ganzen Betrag, wird mit einem Muss und einer einwöchigen Frist verbunden.

Beispiel: Mahnstufe 3

24. Juni 2014

**Rechnung vom
06.05.2014**   **Letzte Chance!**   **1)**
EUR 4.500,00   **Helfen Sie uns, gerichtliche Schritte zu
vermeiden!**

Sehr geehrte Frau Wiedemann,

wir haben Ihnen unsere Hilfsbereitschaft in unserem zweiten Mahnschreiben dargelegt, trotzdem melden Sie sich bis heute nicht. Ist Ihnen etwas Schwerwiegendes dazwischengekommen?

Sie verstehen bestimmt, dass wir nun gezwungen sind, gerichtliche Schritte gegen Sie einzuleiten. Aber wir sind bereit, Ihnen eine letzte Chance einzuräumen. Gerichts- und Anwaltskosten werden zusätzlich verteuern. 2)

Wir möchten es nicht so weit kommen lassen!

Rechnung vom 6. Mai 2014, Renovierung Badezimmer, Pauschal	4.500,00 EUR
Mahngebühr	15,00 EUR
4,37 % Zinsen für den Zeitraum vom 06.06. bis 03.07.	14,75 EUR
Zahlbetrag	**4.529,75 EUR**

Bitte bezahlen Sie umgehend den ganzen Betrag, spätestens bis am 3. Juli 2014 muss das Geld bei uns auf dem Konto eingegangen sein.

Freundliche Grüße

Eva Konquent

BAD- und KÜCHE GmbH

Am 4. Juli 2014

werden wir beim Amtsgericht Musterhausen einen **gerichtlichen Mahnbescheid** gegen Sie beantragen, sofern wir bis dahin ohne Ihren Anruf oder Ihre Bezahlung bleiben!

---

1) Ein doppelter Appell. Eine Chance wird einer drohenden Konsequenz gegenübergestellt. Die Konsequenz der gerichtlichen Schritte wird aber nur indirekt angedroht und scheinbar zuvorkommend in die Aufforderung, sie zu vermeiden helfen, verpackt.

2) Auch hier sind die gerichtlichen Schritte nicht als direkte Drohung formuliert, sondern auf die Ebene des Verständnisses gerückt. Auf diese Weise werden die gerichtlichen Schritte wie ein Faktum dargestellt, an dem es nichts zu rütteln, das es nur zu verstehen gilt. Dies wird durch die Formulierung „wir sind gezwungen" zusätzlich unterstrichen.

10.9 Andere Mahnwege: Auch per E-Mail

Es ist wie bei allen elektronischen Techniken: Manche sind mit Begeisterung dabei, andere verlassen sich lieber auf die klassischen Methoden wie den Postweg oder das Fax. Sicher ist, dass das Ungewöhnliche auffällt und damit höhere Beachtung und Akzeptanz findet.

Speichern Sie deswegen die E-Mail-Adressen Ihrer säumigen Kunden. Sie sollten allerdings bei gewerblichen Kunden unterscheiden, ob Sie die allgemeine E-Mail der Kundenfirma oder die spezielle E-Mail eines Sachbearbeiters benutzen wollen. Speichern Sie bevorzugt die Sachbearbeiter-E-Mail-Adressen und nutzen Sie das Medium. Bei den meisten Firmen ist intern die papierlose Kommunikation ohnehin üblich.

E-Mails verschaffen den Eindruck persönlicher Nähe. Das liegt an ihrem lockeren Stil und daran, dass sie in einem persönlichen, elektronischen Briefkasten ankommen. Es muss kein umständlicher Postweg durchlaufen werden, der auch noch zwei Tage dauert. Der schnelle Transport und die schnelle Antwort sind wichtig für den so geschaffenen Eindruck von Nähe.

Beispiel 1

Einen guten Morgen wünsche ich Ihnen, Herr Gutjahr,
obschon ich Sie mit meiner Mail auffordere, zur Bank zu gehen.
Wie Sie wissen, haben Sie bei uns für die Sanierung Ihrer Heizung **1.386,50 EUR** offen, fällig am 06. Mai. Heute haben wir den 16. Juni. Am 26. Juni **MUSS** Ihr Geld bei uns eingetroffen sein.

Freundliche Grüße aus dem heißen Süden Deutschlands

Mario de Angelis

Heizungstechnik GmbH
78490 Hinterfingen
Tel: 07630 / 45 09 90-1

PS: Mahngebühr und Zinsen sparen? → sofort zahlen!

Beispiel 2

Hallo Frau Köhler,

ich habe mir gestern abend im Freiburger Münster ihr Konzert angehört. Einen wunderschönen, berührenden Ton entlocken sie unserer Flöte.

Bestimmt lässt es sich noch kreativer damit umgehen,
wenn das Instrument ihnen gehört!

Sie benötigen ja auch immer wieder Noten. Kommen Sie doch bis am Samstag 25. Juni bei uns vorbei und bezahlen Sie die **4.700,00 EUR** bar, so können Sie sich Mahngebühren und Zinsen sparen.

Also, bis spätestens Samstag!

Maria Gerber, Musikhaus Betschen, Freiburg

Lassen Sie mehrere E-Mails aufeinanderfolgen, wenn Sie mit kleinen Schritten Druck aufbauen und verstärken wollen.

Rechtshinweis:

E-Mails dienen dazu, die Wahrscheinlichkeit einer Zahlung durch den Schuldner zu erhöhen. Weil man den Zugang der E-Mail nicht nachweisen kann, sind sie als Verzug auslösendes Instrument nicht geeignet.

10.10 Mahnen per SMS

Vor allem bei jungen Leuten gilt, dass, wer sich SMS schickt, zur virtuellen Familie gehört. Klar, dass Familienangehörige besser behandelt werden als andere.

Eine SMS erreicht sofort, wird sofort gelesen und erwartet eine unverzügliche Antwort. Mit keinem anderen Medium hat man die Möglichkeit, den Schuldner überall und vor allem zu jeder Zeit zu erreichen. Wer um 21.59 Uhr eine SMS erhält, rechnet bestimmt nicht mit einem Gläubiger und wird umso überraschter sein, dass ihm der Gläubiger auch nach Feierabend z. B. im Biergarten nahe ist. Zugleich unterstellt der Schuldner, dass die SMS eben versandt wurde, der Gläubiger also um diese Zeit an ihn denkt. Tatsächlich steht aber eine Software dahinter.

Computer-Programm (= SMS-Bot)

SMS-Programme lassen sich einfach in E-Mail-Clients, wie beispielsweise Microsoft Outlook, einbinden, konfigurieren und mit einer Adressdatei verknüpfen. Sie können mehrere Texte programmieren, die dann zeitlich gestaffelt an die Schuldner-Handynummer versandt werden. Wichtig ist eine Empfangsbestätigung, sobald die SMS beim Empfänger angekommen ist. Eine mögliche Maske könnte so aussehen:

Name	Vorname	Handy Nr.	zu versenden um	Text Nr.	Text
Pix	Tanja	016348472	03.06.20XX 13:00	1	Bitte rufen Sie mich an, bin bis 17:00 Uhr im Büro.
Pix	Tanja	016348472	03.06.20XX 21:00	2	Hallo! Dringend! Bitte Tel. morgen um 8:00 Uhr.
Pix	Tanja	016348472	04.06.20XX 11:00	3	Bitte Anruf bis 14:00 Uhr. Sonst Mahnbescheid!

Vergessen Sie nicht, das Programm zu unterbrechen, sobald sich der Schuldner bei Ihnen gemeldet hat!

Auch um an eine Ratenzahlung zu erinnern, können Sie eine SMS versenden. Solche **Vorfälligkeitsmahnungen** empfinden Schuldner als etwas Nettes. Man denkt an sie. Die Zugangswahrscheinlichkeit wird so deutlich erhöht.

Textanregungen

- „Hallo Frau Locher! Nächste Rate fällig in 4 Tagen. Erinnerung o. k.? Ihre Monika Brunner, Glatz Gartenbau."
- „Lieber Herr Meier, daran denken: In 4 Tagen ist die nächste Rate fällig. MfG Monika Brunner, Glatz Gartenbau."

Wirkungsvoll ist eine SMS auch als schriftliches Verstärken einer Vereinbarung:

Eine weitere Textanregung

- „Liebe Frau Schott, ich verlasse mich darauf, dass Sie den fälligen Betrag am 10. Juni überweisen. Vielen Dank! Maya Kunz, Regener GmbH, Meiringen."

Wenn Sie auf eine Mahnung keine Reaktion bekommen, verschicken Sie eine Serie von SMS in engen Zeitabständen, das baut Druck auf.

Rechtshinweis:

Mit SMS verhält es sich wie mit E-Mails: Auch sie dienen dazu, die Wahrscheinlichkeit einer Zahlung durch den Schuldner zu erhöhen. Weil sich der Zugang der SMS aber nicht nachweisen lässt, sind sie nicht das geeignete Instrument, um Verzug auszulösen.

11 Das Telefon, der neue Star beim Mahnen

Der Tipp klingt ganz einfach und wird überall herumgereicht: „Schreib dem Schuldner nicht, ruf ihn an, das wirkt."

11.1 Telefonisch statt schriftlich mahnen – das sind die Vorteile

Vergleichen wir eine schriftliche Mahnung mit einer telefonischen Mahnung, ergeben sich gravierende Unterschiede.

Vergleich	Schriftlich Mahnen	Telefonisch Mahnen
Ziel	baldige Zahlung	sofortige Antwort
Zielentfernung	5 – 30 Tage	5 – 30 Sekunden
Intensität	5 bis 30 Tagesrhythmus	5 bis 30 Sekundenrhythmus
Bewegung	Einbahnstraße	sofortiger Wechselverkehr
Kontaktwahrscheinlich-keit allgemein	gegen 100 %	gegen 70 %
Kontaktwahrscheinlich-keit bei schwierigen Schuldnern	90 %	50 %
Zeitaufwand	gering	hoch

Im Vergleich zum schriftlichen Mahnen zeichnet sich das Telefon also durch eine sehr viel höhere Kommunikationsdichte aus, die den Kunden zur sofortigen Antwort zwingt, will er nicht soziale Standards verletzten. Der Kunde, der auf die schriftliche Mahnung schweigen kann, sucht nach Ausflüchten, die keineswegs immer der Wahrheit entsprechen müssen. Genau daraus kann ab-

155

gelesen werden, wie hoch der soziale Druck durch ein solches Telefonat ist. Es überrascht deswegen nicht, dass Schuldnertelefonate einen ähnlich hohen Wirkungsgrad haben wie die Androhung gerichtlicher Schritte.

Andererseits ist der Aufwand für ein Telefonat sehr viel höher als für ein Standardmahnschreiben. Wer nur Mahnlisten sortieren und mehreren möglichen Standardmahnschreiben zuordnen muss, benötigt dafür deutlich weniger Zeit als eine Minute pro Kunde. Der Zeitaufwand zur Vorbereitung eines Telefonats beträgt vermutlich mehrere Minuten. Die Vorbereitung kann auch 5 oder 10 Minuten dauern, je nach Umfang des Materials, das gesichtet werden muss. Ist der Aufwand zur Vorbereitung noch höher, was ohne Weiteres sein kann, wäre aber auch ein Standardmahnschreiben keine Alternative mehr. In einem solchen Fall sind wir im individuellen Schriftverkehr und damit in einem auch schriftlich zeitaufwendigen Mahnverfahren.

Zum Vorbereitungsaufwand kommt dann der Aufwand des Telefonats selbst hinzu. Auch einfache Mahntelefonate dauern mehrere Minuten. Outbound-Callcenter schaffen bis zu 100 Telefonate pro Mitarbeiter in einer Achtstundenschicht, was einschließlich der notwendigen Pausen bei dieser Tätigkeit, die als sehr anstrengend empfunden wird, fast 5 Minuten pro Telefonat bedeutet. Das sind Spitzenleistungen, die nur mit hohem technischen Unterstützungsaufwand zustande zu bringen sind. Rechnen wir lieber, zumindest am Anfang, mit mindestens 10 Minuten pro Telefonat.

Vorbereitung, Telefonat und eventuelle Nachbereitung summieren sich dann schnell auf 20 Minuten im Durchschnitt. Der Aufwand für eine telefonische Mahnung wäre also rund 20-mal so hoch als für eine schriftliche. Verständlich, dass ein genereller Übergang vom schriftlichen zum telefonischen Mahnen zwar in aller Munde ist, in der Praxis aber nur von wenigen Unternehmen durchgeführt wird.

Tipp:
Wer telefonisch mahnt, mahnt besser, aber auch deutlich aufwendiger.

Die Mehrzahl der Unternehmen wird auch künftig mindestens mit einer ersten schriftlichen Mahnung dem Eisberg die Spitze nehmen. Die Tendenz geht dahin, die dritte, schriftliche Mahnung durch einen Telefonanruf zu flankieren oder die dritte Mahnung durch ein Mahntelefonat zu ersetzen.

Ob und wann telefoniert wird, ist eine Frage der Wirtschaftlichkeit. Die Antwort auf diese Frage wird entscheidend davon bestimmt, um wie viel erfolgreicher ein Mahntelefonat im Verhältnis zur schriftlichen Mahnung ist. Wir rechnen mit einer Reduktion der Mahnbescheide um mindestens 1/3 und geben die Erfahrung mehrerer Unternehmen weiter, die Telefoninkasso eingeführt haben.

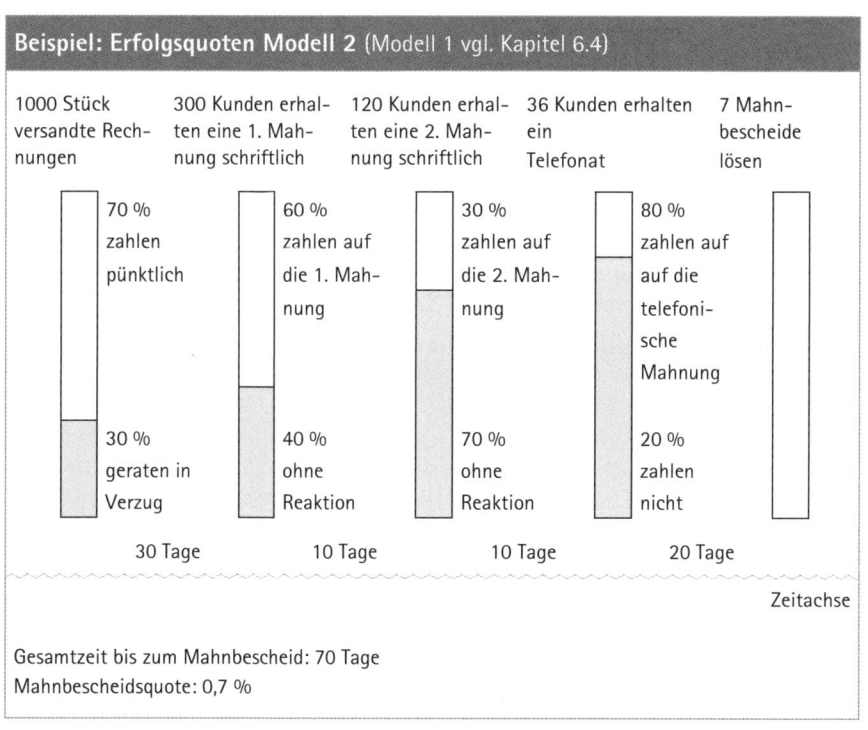

Beispiel: Erfolgsquoten Modell 2 (Modell 1 vgl. Kapitel 6.4)

1000 Stück versandte Rechnungen

300 Kunden erhalten eine 1. Mahnung schriftlich

120 Kunden erhalten eine 2. Mahnung schriftlich

36 Kunden erhalten ein Telefonat

7 Mahnbescheide lösen

70 % zahlen pünktlich

60 % zahlen auf die 1. Mahnung

30 % zahlen auf die 2. Mahnung

80 % zahlen auf auf die telefonische Mahnung

30 % geraten in Verzug

40 % ohne Reaktion

70 % ohne Reaktion

20 % zahlen nicht

30 Tage   10 Tage   10 Tage   20 Tage

Zeitachse

Gesamtzeit bis zum Mahnbescheid: 70 Tage
Mahnbescheidsquote: 0,7 %

Zum Vergleich:

- Die 3. Mahnung würde, erfolgte sie schriftlich, ca. 30 Minuten Aufwand erfordern. Der Gesamtaufwand für alle drei schriftlichen Mahnungen würde sich auf etwas mehr als zwei Stunden summieren.
- Erfolgt die 3. Mahnung telefonisch, beträgt der Gesamtaufwand ca. 10 ½ Stunden.

Wie soll man sich nun entscheiden? Lohnt sich der deutlich höhere Aufwand, den Mahntelefonate erfordern? Gezielte Fragen können eine Entscheidungshilfe sein. Bezogen auf das Beispiel oben, könnte ein Fragenkatalog folgendermaßen aussehen:

Den telefonischen Mahnaufwand kritisch hinterfragen anhand des Beispiels

- Lohnt sich der zusätzliche Zeitaufwand für die telefonische 3. Mahnung mit 10 ½ Stunden oder 8 ½ Stunden mehr als eine schriftliche Mahnung verursacht?
- Wie wichtig ist die Reduktion der Mahnbescheide um 11 Kunden oder 40 %?
- Welche Erfahrungen wurden mit diesen 11 Kunden in der Folgezeit gemacht?
- Hätten wir diese Kunden mit einem Mahnbescheid verloren und wäre dies erwünscht oder unerwünscht gewesen?
- Sollte bei der geringen Erfolgsquote der 2. schriftlichen Mahnung von nur 10 % nicht auf ein Zweistufen-Mahnmodell zurückgegangen werden, bei dem dann bereits die 2. Mahnung telefonisch erfolgen könnte?
- Lässt sich der telefonische Mahnaufwand reduzieren durch bessere Datenpflege der Telefonnummern, gezieltes Abarbeiten zu ungewöhnlichen Zeiten oder durch den Einsatz von Teilzeit-Telefonkräften?

Für telefonisches Mahnen sprechen aber trotz des hohen Zeitaufwandes andere, weiche Effekte. Diese Effekte sind schwer in ihrer Wirkung abzuschätzen und materiell zu kalkulieren. Sie werden außerdem von den Unternehmen unterschiedlich beurteilt. Bei manchen Unternehmen standen die weichen Effekte so sehr im Vordergrund, dass sie sich trotz des erheblichen Aufwandes schnell für Mahntelefonate entschieden haben.

~~Weiche Faktoren~~ sind:

- ~~Wer telefonisch mahnt,~~ **verändert die Mahnatmosphäre** ~~grundlegend.~~

  Jede schriftliche Mahnung wird als Rüge empfunden. Um uns durchzusetzen, brauchen wir Fristsetzungen und Drohungen.

  Eine **telefonische Mahnung ist immer Kommunikation.** Der Gläubiger schickt dem Kunden nicht nur etwas, er geht auf ihn zu. Er muss sich um ihn bemühen, indem er ihn anspricht. Eine telefonische Mahnung ist kein Monolog, sondern eröffnet dem Kunden die Möglichkeit zur Antwort.

  Am Ende eines Mahntelefonats ist man sich im guten Falle einig. Eventuell hat sich der Kunde sogar entschuldigt und die Angelegenheit ist für beide Seiten erledigt. Im schlechten Fall hat der Kunde Dampf abgelassen und sich beschwert. Dass er dies gegenüber einer Person tun konnte, die ihn offensichtlich ernst nimmt und etwas von ihm will, wirkt bereits besänftigend.

- Weil ~~Mahntelefonate~~ nicht wie das Mahnschreiben eine Einbahnstraße sind, ~~werden sie zur~~ **Informationsquelle** für das mahnende Unternehmen.

  Alle Fehler, die im Laufe der Kundenbeziehung gemacht wurden, kommen auf den Tisch. Sie werden von den Kunden als Argumente für Zahlungsverzögerungen und als Ausreden vorgebracht. Werden diese Kundenargumente systematisch ausgewertet, liefern sie wertvolle Informationen.

- Die **Beschwerdequote** beim Übergang in das gerichtliche Verfahren **sinkt** deswegen signifikant um 1/3 oder mehr. Allein dieser Effekt kann eine ausreichende Gegenleistung für den erhöhten Mahnaufwand sein.

  Jede Beschwerde, die positiv erledigt wurde, verhindert einerseits die Weiterverbreitung von Negativinformationen und bindet andererseits den einen oder anderen Kunden besonders stark an das Unternehmen.

Tipp:
Mahntelefonate sind auch Beschwerdemanagement.

Die Frage „Mahne ich schriftlich oder telefonisch?" lässt sich deswegen nicht auf die Frage „Was bringt unter wirtschaftlichen Aspekten mehr Erfolg?" reduzieren. Telefonisches Mahnen wird zu einer Stilfrage im größeren Rahmen der intensivierten Kundenpflege.

11.2 Inbound/Outbound

Wie oft telefonieren wir in unserem Alltag hintereinander her? Wir waren nicht erreichbar, also rufen wir zurück. Wir haben unseren Partner telefonisch nicht erreicht und erhalten seinen Rückruf, um den wir gebeten haben. Wir haben den Unterschied zwischen aktiven und passiven Telefonaten bis zur Unkenntlichkeit verwischt. Es scheint gleichgültig zu sein, wer wen anruft.

Das gilt aber nur, solange man sich kennt und Gutes voneinander will. Kennen wir unseren Telefonpartner nicht und bewegen uns zugleich auf eine mögliche kritische Situation zu, ist es entscheidend, wer den ersten Schritt tut. Für solche Aktivtelefonate, also das aktive Anrufen des Partners, hat sich der Begriff Outboundtelefonat eingebürgert, für das hereinkommende Telefonat das Wort Inboundtelefonat. Wir verwenden die Begriffe, obwohl sie uns nicht sehr gefallen.

Auf eine kurze Formel gebracht:

- Outboundtelefonat: Der Gläubiger ruft den Schuldner an.
- Inboundtelefonat: Der Schuldner ruft den Gläubiger an.

Beide Arten von Telefonaten sind hinsichtlich des Inhalts, Aufbaus und Ablaufs geradezu gegensätzlich. Für die kritischen Mahntelefonate wird der laufende Wechsel zwischen beiden Arten nicht empfohlen, weil das Umschalten Präzision und Qualität kostet. Nehmen Sie sich für Ihre Outboundmahntelefonate eine bestimmte Zeit, in der Sie keine Inboundtelefonate entgegennehmen, um die Konzentration zu erhöhen.

Inbound-/Outboundtelefonate im Vergleich		
Situation	**Inboundtelefonat**	**Outboundtelefonat**
Zeitpunkt des Telefonats	Bestimmt der Kunde. Er kann sich vorbereiten, das Gespräch in einer passenden Stimmung und störungsfrei führen, eben dann, wenn es ihm passt.	Bestimmt der Gläubiger. Er kann sich vorbereiten, das Gespräch in einer passenden Stimmung und störungsfrei führen, eben dann, wenn es ihm passt.
Gesprächseröffnung	Durch den Kunden. Die ersten 10 Sekunden bestimmt ausschließlich er das Telefonat. Mit seiner Stimme gibt er die Stimmung vor und spielt den Ball dann ab, wenn er es für richtig hält. Der Gläubiger muss sich auf den Kunden einstellen und ist damit beschäftigt. Er ist zu Anfang passiv.	Durch den Gläubiger. Die ersten 10 Sekunden bestimmt ausschließlich er das Telefonat. Mit seiner Stimme gibt er die Stimmung vor und spielt den Ball dann ab, wenn er es für richtig hält. Der Kunde muss sich auf den Gläubiger einstellen und ist damit beschäftigt. Er ist zu Anfang passiv.
Gesprächsanliegen	Bestimmt der Kunde. Er will z. B. nur in Raten zahlen. Der Gläubiger kann das Gespräch zwar beeinflussen, ggf. sogar auf den Kopf stellen und versuchen, seine Interessen durchzusetzen. Die erste Runde geht aber meist an den Kunden, der im Vorteil ist.	Bestimmt zuerst der Gläubiger. Er kann mit einer deutlichen Zahlungsaufforderung das Gespräch auf Zahlung lenken. Die erste Runde geht daher an den Gläubiger, weil er den Eröffnungsvorteil hat.
Gesprächsverlauf	Bestimmt der Kunde im ersten Teil, ob er es auch später tut, ist eine Frage der Gläubigerreaktion. Für den Gläubiger ist die Übernahme der Gesprächsführung aber gar nicht so leicht.	Bestimmt der Gläubiger im ersten Teil, ob er es auch später tut, ist eine Frage der Kundenreaktion. Für den Kunden ist die Übernahme der Gesprächsführung aber gar nicht so leicht.

Das sind die Chancen der Outboundmahntelefonate:

- Ich bin (bestens) auf das Telefonat vorbereitet.
- Ich führe das Telefonat zu einem selbst gewählten Zeitpunkt und in einem Moment der Konzentration und Ausrichtung auf meinen Telefonpartner.
- Ich bin im Gespräch für den anderen eine Überraschung und damit im Vorteil.
- Der Vorteil kann durch eine aktive und offensive Gesprächsführung ausgebaut werden.

Den Kunden überraschen heißt zusätzlich ...

... sich Gedanken darüber zu machen, wo er sich im Moment Ihres Anrufs aufhält oder womit er sich gerade beschäftigt.

- Liest er vielleicht ein spannendes Buch? Weckt ihn das Klingeln aus seiner Versunkenheit und braucht er einen Moment Zeit, um wieder in die Gegenwart zurückzukehren?
  - Seien Sie aufmerksam und geben Sie ihm die Zeit, sich auf Sie einzustellen, indem Sie sich langsam und deutlich melden.
- Wenn Sie um die Mittagszeit anrufen, ist die Kundin vielleicht gerade am Kochen, nimmt trotzdem den Hörer ab und hat aber eigentlich gar keine Zeit, weil das Fleisch anbrennt oder die Suppe überkocht.
  - Zeigen Sie Verständnis und rufen Sie später an.
- Erreichen Sie die Ehefrau, die sich gerade in dem Moment mit quengelnden Kindern auseinandersetzen muss? Sitzt sie neben ihrem Kind, überwacht die Hausaufgaben und ärgert sich über das Nichtbegreifen ihres Kindes?
  - Sie bekommen wahrscheinlich den Ärger ab. Nehmen Sie ihn nicht persönlich.
- Sind Sie für die Sachbearbeiterin schon der 10. Anrufer und sie kommt nicht dazu, ihre täglichen Pflichten abzuarbeiten?
  - Holen Sie die Sachbearbeiterin dort ab, wo sie ist. Mit einem einfachen „Ich merke, dass Sie viel zu tun haben und werde mich deshalb so kurz wie möglich fassen" haben Sie bereits ihre Sympathie gewonnen.

11.3   Die Scheu davor, Mahntelefonate zu führen

Eine Erfahrung, über die es sich lohnt, nachzudenken: Ein mittelständisches Unternehmen beschließt den Aufbau einer Mahnabteilung. Dafür werden Sachbearbeiter/innen per Zeitungsannonce gesucht. Erst in den Vorstellungsgesprächen wird den Bewerbern mitgeteilt, dass man von ihnen u. a. auch Outboundtelefonate zu säumigen Kunden erwartet. 7 von 10 Bewerbern ziehen daraufhin ihre Bewerbung zurück.

Mahntelefonate gelten zu Recht als eine belastende Herausforderung, der sich viele Sachbearbeiter nicht stellen wollen. Oft werden diese Widerstände sehr indirekt mitgeteilt, etwa durch die Behauptung, solche Telefonate würden nichts bringen oder man habe damit nur schlechte Erfahrungen gemacht.

Gerade in gut funktionierenden Inkassoabteilungen, die bisher nur schriftlich gemahnt haben, möchte man auch am Bisherigen festhalten. Dies liegt nicht nur an der zusätzlichen Arbeitsbelastung durch das Telefonieren, sondern auch daran, dass Schreiben bequem ist. Mahnschreiben werden von der EDV erstellt und zur Post gegeben. Der mahnende Sachbearbeiter ist nicht dabei, wenn der Kunde die Post öffnet. Er muss die Kundenreaktion nur dann entgegennehmen, wenn der Kunde seinerseits zum Telefon greift, um sich zu beschweren. Das tun die wenigsten.

Zu Recht erwarten die Sachbearbeiter, dass der direkte Kontakt sie mit dem Schuldner in persönliche Nähe bringt. Diese Nähe schafft eine Intensität, die sie zuerst einmal gar nicht wollen. Für die Sachbearbeiter ist die Schuldnerwelt ein Bereich, den sie innerlich häufig ablehnen, vermeiden und nicht verstehen. Man hält lieber Distanz auf dem Postwege. Denn wenn man schon in diesen unangenehmen Bereich persönlich eindringen muss, dann möglichst nicht auf dem unsichersten Pfad, nämlich durch den telefonischen Kontakt.

Tipp:
Mahntelefonate sind eine Herausforderung, der sich die Sachbearbeiter nur dann gerne stellen, wenn zuvor Techniken und die Toleranz für die menschliche Belastung trainiert worden sind.

Sicherlich kennen Sie den Ausspruch: „Das kann ich am Telefon nicht sagen, da muss ich hingehen." Dahinter steckt die Erfahrung, dass schwierige Kommunikationssituationen am besten Auge in Auge gelöst werden können. Man sieht die Wirkung der Worte an der Körpersprache des anderen. Das gibt Sicherheit, die am Telefon fehlt.

Eine Untersuchung ergab:

Bedeutung der Kommunikationselemente für das Verstehen					
Direktkommunikation			Kommunikation am Telefon	
Worte	7 %	→	Worte	16 %
Stimme	38 %		Stimme	84 %
Physiologie, Körpersprache	55 %		Physiologie, Körpersprache	./.

Probieren Sie es aus:

Sie haben den Auftrag, den Kunden mit einem „bezahle jetzt" aufzufordern. Dieser Auftrag steckt als Appell hinter allem, was Sie tun.

■   Die schriftliche Aufforderung „Bitte bezahlen Sie bis zum ..." fällt weder beim Formulieren schwer noch verursacht das Versenden an den Kunden inneren Aufwand.

■   Stehen Sie aber dem Kunden gegenüber und fordern ihn auf „Bitte bezahlen Sie jetzt sofort", ist erheblich mehr Engagement notwendig. Sie können die Art der Aufforderung aber präzise dosieren, weil Sie von Ihrem Kunden einen optischen Eindruck haben. Beim eher schüchternen Schuldner werden Sie vorsichtig vorgehen. Haben Sie den Eindruck, das ist einer, der auf dem Egal-Standpunkt steht, sind Sie automatisch nachdrücklicher und offensiver.

Sie empfangen nicht nur körpersprachliche Signale. Sie senden sie auch aus. Sie verleihen Ihren Aufforderung Nachdruck etwa durch Hochziehen der Augenbrauen, intensives Anschauen oder Senken des Kinns. Ihre Hände sagen, ob Sie auch bereit sind, zuzupacken und die Spannung im Körper signalisiert, wie wichtig Ihnen dieses Anliegen selbst ist.

Diese Signale werden sehr differenziert gesetzt und vom Kunden ebenso unbewusst sofort beantwortet. Dadurch entsteht auf der körpersprachlichen Ebene eine interpretierende Begleitkommunikation.

■   Am Telefon macht dagegen nur noch die Stimme Stimmung. Die Sicherheit durch die interpretierende, sichtbare Körpersprache fällt weg. Der optische Kanal als Informationsquelle fehlt.

Die fehlenden Informationen durch Heraushören gleichwohl zu empfangen und durch eine differenzierte Sprache und Sprechweise auszusenden, fällt zuerst einmal schwer. Auch Worte werden eher auf die Goldwaage gelegt als beim Kontakt unter Anwesenden. Die Folge ist zuerst einmal eine Verunsicherung und damit der verständliche Wunsch, doch lieber wie bisher nur schriftlich mahnen zu müssen.

Die gleiche Situation entsteht aber nicht nur beim Sachbearbeiter, sondern auch beim Kunden. Alle Gründe, die uns nur schwer zum Telefonhörer greifen lassen, wirken als Mahnargumente beim Kunden.

> **Tipp:**
> Kunden möchten Mahntelefonate genauso vermeiden wie Mahnsachbearbeiter. Das ist unsere Chance, nutzen wir sie.

Der notwendige innere Aufwand des Sachbearbeiters wird so durch eine deutlich höhere Erfolgsquote honoriert.

Outboundmahntelefonate sind mit unseren alltäglichen beruflichen oder persönlichen Telefonsituationen nicht vergleichbar. Sie laufen nach anderen Regeln ab. Schuldner zeigen überraschend andere Verhaltensmuster, die oft weder verstanden noch richtig eingeordnet werden können. Wer einfach so zum Telefonhörer greift, um einen Schuldner anzurufen, erlebt neben durchaus schnell zu erzielenden Erfolgen auch Frustration.

Typische Frustrationselemente bei Mahntelefonaten sind:

- Schuldner sind nicht erreichbar, weil die Kommunikationsdaten sich geändert haben oder sie sich verleugnen lassen.

- Es gibt viele Ausreden, von denen die wenigsten stimmen.

- Gemachte Zahlungszusagen werden auf dreiste Weise nicht eingehalten.

11.4   Einen Telefonarbeitsplatz einrichten

Wer damit anfängt, Mahntelefonate zu führen, wird dies zunächst von seinem Schreibtisch aus tun. Dort ist ein Telefon vorhanden, und es scheint keine Notwendigkeit für einen speziellen Telefonarbeitsplatz zu geben. Schließlich gewöhnt man sich an diesen Arbeitsplatz, und weil es funktioniert, wird nichts verändert.

Wir empfehlen Ihnen aber, den Arbeitsplatz nachzurüsten. Noch besser wäre es, wenn Sie einen nur für Outboundtelefonate reservierten, separaten Arbeitsplatz schaffen könnten. Die Outboundmbtelefonate werden so zeitlich und örtlich aus dem normalen Arbeitsgang herausgenommen.

Sollausstattung eines Telefonarbeitsplatzes

- **Schallabschirmung**, um auch Zwischentöne am Telefon heraushören zu können.
- Genügend **Platz**, um sich vor oder während dem Telefonat bewegen zu können.
- **Pinnwand für Standardtexte** wie die Namensnennung einer Firma, Gesprächsleitfäden und Standardargumente.
- **Kalender mit Jahresübersicht**, um Fristvereinbarungen sofort optisch greifen zu können.
- **Landkarte** mit Postleitzahlen und eingetragenen Zuständigkeiten von Vertrieb und Kundendienst.
- **Wählunterstützung** durch die Software.
- Möglichkeit, mittels spezieller Software Telefonnummern zu recherchieren.
- Möglichkeit, das Versenden von **E-Mails** und **SMS** zu programmieren, um auf diesem Wege ein Inboundtelefonat zu provozieren, wenn sich der Schuldner nicht erreichen lässt.
- Farbige DIN-A5-quer-**Telefonnotizzettel** und die Möglichkeit nutzen, direkt Bemerkungen in die elektronische Akte zu schreiben.
- **Mithöreinrichtung.**
- **Headset**, um während des Telefonierens mitschreiben und blättern zu können.
- Organisierte **Wiedervorlage** eines Vorganges, um zu einem späteren Zeitpunkt noch einmal anrufen zu können.

Generell wird auf die Ausstattung von Telefonarbeitsplätzen noch zu wenig Wert gelegt. Meist steht die technische Ausstattung im Vordergrund. Natürlich kann durch die Qualität der technischen Unterstützung Zeit gespart werden.

Nicht weniger wichtig und meist billig zu haben sind die vielen Kleinigkeiten. Dazu gehört eine hinreichend große Arbeitsfläche. Bei allem Chic heutiger Schreibtische wird dies gerne nach dem Motto „lieber Platz als schön" vernachlässigt.

Weil wir das Auge beim Telefonieren nicht aktiv einsetzen, sind Bilder im Sichtbereich von besonderer Bedeutung. Diese Bilder werden unbewusst wahrgenommen. Oft fixieren wir uns auf ein solches Bild, als ob wir uns daran festhalten wollten. In den Sichtbereich gehört deswegen eine Pinnwand.

Mit Fotos auf der Pinnwand – etwa von einem Action-Urlaub oder einer stillen Waldszene – können Sie Ihren Telefongrundstil beeinflussen. Manche Sachbearbeiter wechseln solche Motivationsbilder regelmäßig aus und entwickeln daraus einen regelrechten Motivationsstil. Die Pinnwand dient aber auch für in großer Schrift dargestellte Standardtexte. Ein Jahresübersichtskalender ermöglicht sofort die Fixierung von Daten, wenn ein Schuldner verspricht „in drei Wochen zu bezahlen". Der Blick auf den Kalender verändert die Zusage „drei Wochen" zu einem genauen, fixierten Datum, das durch eine Wiedervorlage überwacht werden kann.

Telefonanlagen mit Display ermöglichen bei eingehenden Telefonanrufen den Abgleich von Telefonnummern, wenn der Schuldner von einem fremden Apparat aus anruft oder sein Handy benutzt und die Rufnummer nicht unterdrückt. Schreibt man sich routinemäßig die Telefonnummer auf, können daraus Recherchelinien werden, wenn der Schuldner plötzlich nicht mehr erreichbar ist. Eine notierte Handyrufnummer könnte einmal der einzige und letzte Kontaktkanal werden.

Zinsen werden Sie nur dann in Rechnung stellen, wenn sie problemlos während des Telefonats mit einem Zinsrechner errechnet und in die Ratenvereinbarung aufgenommen werden können.

Manche Schuldner lassen sich nicht erreichen. Ist die E-Mail-Adresse oder eine Handynummer bekannt, kann per E-Mail gemahnt und ein Anruf provoziert werden. Es gibt Programme, welche die Auswahl von SMS aus einem Pool ermöglichen. Der Text wird mit einer bestimmten Uhrzeit und der Telefonnummer verbunden und geht dann automatisch zum Empfänger. Die Präsenz z. B. zu ungewöhnlichen Zeiten macht Eindruck.

Bereits während des Telefonats sollten Notizen gemacht werden. Dies geschieht entweder auf farbigen Telefonnotizzetteln, die in einer körperlich geführten Akte aufgrund des Formates nicht verschwinden, sondern auffallen, oder die Informationen werden direkt elektronisch in der Kundendatei hinterlegt. Entscheidend ist, dass mit Ende des Telefonats auch die Notiz erstellt ist und kein zusätzlicher Aufwand entsteht.

Eine Mithöreinrichtung ist eine große Entlastung. Man kann zeitweilig selbst, statt mit dem Hörer oder Headset, mit diesem Lautsprecher arbeiten, um Abwechslung zu haben. Es könnte aber auch ein Dritter mithören, was zu Beweis- oder Trainingszwecken wichtig sein kann.

Selbst bei Vieltelefonierern setzt sich das Headset nur schwer durch, obwohl alle, die sich daran gewöhnt haben, darauf schwören. Wer den Telefonhörer zwischen Kopf und Schulter einklemmt, verspannt seine Stimmbänder. Man hört als Resultat eine gepresste Stimme. Wer mit dem Headset telefoniert, ist in der Wahl seiner Haltung frei. Er kann gerade sitzen, sich bewegen und mit klarer Stimme sprechen. Weil er seine beiden Hände frei hat, wird das Mitschreiben während des Telefonierens zur Selbstverständlichkeit.

Günstig ist ein möglicher Sicht- und Hörkontakt zu einem Kollegen. Wer viel mit Schuldnern telefoniert, braucht zeitweilig Unterstützung und die Möglichkeit, sich auch seinen Frust von der Seele zu reden.

Telefonate mit Schuldnern werden oft als beengend empfunden. Schließlich geht es bei vielen privaten Schuldnern auch tatsächlich eng zu. Die Möglichkeit, den Blick in einen größeren Raum zu lenken, am besten durch ein Fenster ins Freie, empfinden viele Sachbearbeiter als Befreiung und Erholung. Weil sich der Sachbearbeiter für diesen befreienden Blick nicht umdrehen muss, wird er ihn öfter genießen.

11.5　Mahntelefonate vorbereiten

Schon in einem kleinen Unternehmen rühren Mahnungen, erst recht Mahntelefonate, an Kompetenzen. Es gibt geschriebene und ungeschriebene Gesetze, deren Übertretung unliebsame Konsequenzen haben könnte.

Was dürfen Sie, was dürfen Sie nicht?
Sorgen Sie dafür, dass Ihre Aufgabe und Ihre Kompetenzen exakt, am besten schriftlich, festgelegt werden. Erst eine so geschaffene Verbindlichkeit stärkt den Rücken und legt Verfahren fest, auf die man sich verlassen kann.

Prüfen Sie anhand der folgenden Checkliste Ihre Aufgaben und Ihren Handlungsspielraum:

Checkliste: Aufgaben und Handlungsspielraum

Sind die folgenden Fragen geklärt?

- Sind alle Kunden gleich zu behandeln oder gibt es Rücksichtnahmen für bestimmte Kundenbereiche, bestimmte einzelne Kunden oder bestimmte Produktbereiche?
- Welche Rücksichtnahmen sind dies? Wo endet die Rücksichtnahme und wer legt dies fest?
- Sind die einzelnen Mahnschritte und das Ziel der Mahntelefonate bei der Geschäftsleitung und beim Vertrieb bekannt und werden sie mitgetragen?
  - Ist auch die Geschäftsleitung bereit, sich in den Mahnablauf selbst einzuschalten?
  - Bei welchen Kunden, ab welchen Beträgen ist dies vorgesehen?
- Dürfen versuchsweise Mahntexte auch ohne Rücksprache mit der Geschäftsleitung verändert werden?
- Was wird passieren, wenn sich der Kunde über eine Mahnung beschwert?
  - Von wem und wie werden solche Beschwerden abgearbeitet?
  - Wird dabei berücksichtigt, dass der Inkassosachbearbeiter dem Kunden auf die Füße treten muss, während dies für einen Vertriebsmitarbeiter einer Todsünde gleichkäme?
- Darf ich Mahngebühren verlangen und sie auch als Kleinbeträge per Mahnbescheid durchsetzen?
- Ab wann darf ich Kunden für weitere Aufträge sperren? Wer hebt Sperren wieder auf und unter welchen Voraussetzungen?
- Welche sonstigen Drohmittel stehen mir zur Verfügung?
  - Trägt das Unternehmen solche Drohungen auch mit, wenn ich sie einsetze?
- Wie, glauben Sie, mahnt Ihre Konkurrenz und ist der Erfahrungshorizont des Kunden?
- Welche Konsequenzen sind vorgesehen, wenn das außergerichtliche Mahnen erfolglos bleibt?
  - Ab wann darf damit gedroht werden?
- Ist die Abgabe ins gerichtliche Inkasso meine Entscheidung oder wirken andere bei dieser Entscheidung mit und müssen diese gefragt werden?

Wer seinen Aufgaben- und Handlungsspielraum kennt, kann auch an seiner Ausweitung arbeiten. Finden Sie auf einzelne Punkte der Checkliste nur einschränkende Antworten und fühlen Sie sich behindert, arbeiten Sie an der Ausweitung Ihrer Möglichkeiten. Wenn Sie immer wieder über Ihre Inkassopraxis mit Vertrieb und Geschäftsleitung diskutieren, halten Sie dort das Thema wach. Schaffen Sie sich den Rückenwind, den Sie brauchen, um offensiv sein zu können.

> **Tipp:**
> Wer nachdrücklich mahnt und sich offensiv mit zahlungssäumigen Kunden auseinandersetzt, ist auch im eigenen Unternehmen selten beliebt. Inkassomitarbeiter sind stets darauf angewiesen, für ihre Tätigkeit im eigenen Unternehmen um Verständnis zu werben.

Innerhalb Ihres Aufgaben- und Handlungsspielraumes agieren Sie auf der Grundlage Ihrer eigenen Erfahrungen und Muster. Ihre Meinungen und Einstellungen sind die Grundlage für Ihre offensive Kommunikation mit Schuldnern.

Machen Sie sich klar, dass Ihre Werte und Ihre Moralvorstellungen durch das Verhalten von Schuldnern tangiert werden und zu deren Vorstellungen in Widerspruch stehen.

Beispiel: Prüfen Sie, ob Sie die folgenden typischen Gläubigereinstellungen teilen

- Ich kaufe nichts, außer ich habe das Geld dazu.
- Wenn Kredit, dann nur im Notfall und mit dem klarem Plan, dass, wann und wie ich zurückbezahle. Die Raten sind Teil meines Ausgabenbudgets.
- Rechnungen werden prompt bezahlt, am besten mit Skonto.
- Mahnungen kommen bei mir nicht vor.
- Wenn ich gemahnt werde, ist mir das peinlich.
- Wenn ich eine Rechnung übersehen habe und gemahnt werde, bezahle ich prompt auf die 1. Mahnung.
- Ich ärgere mich über Mahnkosten und Zinsen, die ich nach einer Mahnung zusätzlich bezahlen muss.

Es ist offensichtlich, dass Ihre Schuldner mit anderen, auch den gegenteiligen Mustern arbeiten. Sie machen – gemessen an Ihren Einstellungen – somit etwas falsch. Sie ärgern sich dann zu Recht darüber und sind innerlich herausgefordert, sie zu korrigieren. Korrigieren bedeutet aber, Energie zu verschwenden. Die Herausforderung besteht darin, mit den für Sie fremden Mustern und Einstellungen zu arbeiten, ohne auf sinnlose und energieverzehrende Weise auf sie einzuwirken.

Gerade beim Telefonieren prallen die gegensätzlichen Einstellungen und Muster direkt aufeinander. Ohne Verständnis für die Schuldnerwelt führen die Telefonate schnell in die Sackgasse.

Tipp:
Der Schuldner verhält sich für uns nicht überraschend, weil er unmoralisch handelt, sondern weil nach seiner Erfahrung dieses Verhalten sinnvoll ist.

Solange Sie sich über den Schuldner ärgern, lernen Sie wenig über seine Welt und darüber, warum diese oder jene Verhaltensweise dort sinnvoll ist. Lernen in diesem Bereich bedeutet nicht, dass Sie fortan die Schuldnermuster übernehmen und in Ihrer eigenen Welt anwenden. Ihr Lernen beschränkt sich darauf, in der Schuldnerwelt effizienter zu agieren. Sie kennen dieses Arbeiten mit fremden Mustern vielleicht noch aus Ihren ersten Erfahrungen auf einem orientalischen Basar. Entscheidend war dort, so verhandeln zu können, wie es dort üblich ist, ohne die vorgefundenen Werte und Einstellungen im Urlaubsgepäck mit nach Hause zu nehmen.

Stellen Sie sich auf eine Mehr-Ebenen-Kommunikation ein

Wenn Sie mit dem Schuldner telefonieren, arbeiten Sie stets auf zwei Ebenen:

- der sachlichen Ebene, auf der Sie mit dem Schuldner Tatsachen austauschen, Raten und Fristen festlegen und auf
- der persönlichen Ebene. Dort teilen Sie dem Schuldner mit, was Sie innerlich erwarten und wie Sie ihn als Person einschätzen. Dort definieren Sie gemeinsam, wie Sie miteinander umgehen und kommunizieren wollen.

Mehr-Ebenen-Kommunikation

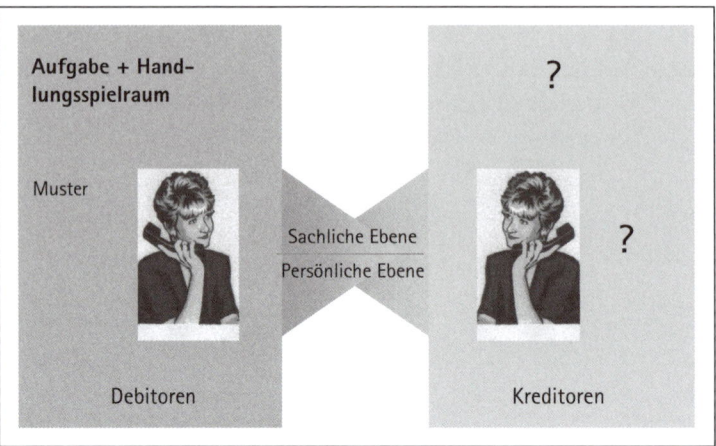

Denken Sie daran, vor allem die persönliche Ebene mit dem Schuldner bewusst zu gestalten. Die persönliche Ebene ist ein stärkerer Auslöser der Zahlungsbereitschaft, als gemeinhin angenommen wird.

> **Tipp:**
> Wer den Schuldner auf der persönlichen Ebene erreicht, fördert die Zahlungsbereitschaft oft mehr als Drohungen es tun können.

Wenn Sie A-Kunden anmahnen müssen oder Ihnen vom Vertrieb die Hände gebunden sind, erreichen Sie die Zahlung oft nur über die persönliche Ebene. Um diese persönliche Ebene aufzubauen, müssen Sie eine gewisse Verbindlichkeit erreichen. Dafür benötigen Sie mehrere Telefonate.

Informationen sammeln

Der Erfolg eines Mahntelefonats hängt von der Qualität seiner Vorbereitung ab. Nur wer Bescheid weiß, kann sich durchsetzen. Das Wissen um den bisherigen Verlauf der Kundenbeziehung, nachgewiesen durch eingestreute Detailinformationen, lässt den Kunden aufhorchen und macht ihn vorsichtig. Die Vorbereitung für ein gezieltes Mahntelefonat nimmt oft genauso viel oder mehr Zeit in Anspruch als das Mahntelefonat selbst. Ob Mahntelefonate nicht nur erfolgreich, sondern auch wirtschaftlich sind, hängt deshalb wesentlich vom Zeitaufwand für die Vorbereitung ab.

Mahntelefonate informell vorbereiten	
Sachliche Vorbereitung	■ Forderung an den Kunden, Höhe, Art, Details der Zusammensetzung. ■ Umstände bei der Bestellung, was war dem Kunden wichtig, was nicht? ■ Wurde die Bestellung zur Zufriedenheit des Kunden abgewickelt oder lassen sich Probleme erkennen, sind gar Probleme bekannt? ■ Wann war die letzte Bonitätsprüfung, wie wurde der Kunde eingeschätzt?
Notizen:	
Persönliche Ebene	■ Was gibt es für persönliche Einschätzungen über den Kunden? Gibt es positive oder negative Vorerfahrungen? ■ Auf welche besonderen Verhältnisse, Einstellungen oder Empfindlichkeiten beim Kunden oder im eigenen Haus muss Rücksicht genommen werden?
Notizen:	
Mahnsituation	■ Wann, wie, mit welchen Mitteln und mit welchen Zeitabständen wurde der Kunde bisher gemahnt? ■ Gibt es Rückäußerungen des Kunden dazu?
Notizen:	
Wichtigkeit des Kunden	■ Ist aus Wirtschaftlichkeitsgründen knapp und schnell durchzumahnen oder ■ gibt es gebotene Rücksichtnahmen wegen Folgeaufträgen oder Auswirkungen auf andere Kundenbeziehungen?
Notizen:	

Um den Vorbereitungsaufwand gering zu halten, sollten alle wichtigen Informationen sofort verfügbar sein. Das sind sie nur dann, wenn bereits bei der Aufbereitung der Kundendateien daran gedacht wird, was beim Mahnen gebraucht werden könnte.

Muss sich der Sachbearbeiter Informationen erst zusammensuchen, wird er entweder unnötig Zeit verbrauchen oder wahrscheinlich auf das Einholen dieser Informationen verzichten. Fatal, aber nicht unüblich ist es, dass der mahnende Mitarbeiter außer der Rechnung und den Mahndaten keine Informationen erhält.

> **Tipp:**
> Stellen Sie organisatorisch sicher, dass sich alle relevanten Kundeninformationen ohne vorherige Rückfrage von vornherein in den Mahnunterlagen finden.

Wenn mehrere Personen an einer Mahnsache arbeiten, ist sicherzustellen, dass alle Mahnschritte dokumentiert werden und einem Sachbearbeiter zuzuordnen sind. Dies gilt insbesondere für Vortelefonate und daraus entstandene Telefonnotizen.

Wer noch Papierakten führt, sollte durch eine auffallende Farbe und DIN-A5-Querformat sicherstellen, dass Telefonnotizen nicht verschwinden, sondern sofort erkannt werden können.

Als Sachbearbeiter greifen Sie bei der Vorbereitung also zurück auf:

- Allgemeine Kundeninformationen, die Sie nur lesen müssen, wenn Sie sich speziell dafür interessieren.
- Informationen über den Auftrag und seine Abwicklung, die Sie nur überfliegen, um sich abzusichern.
- Den Mahnschriftverkehr, den Sie lesen, um zu wissen, wo Ihr Mahntelefonat ansetzt.
- Telefongesprächsnotizen, die Ihnen zeigen, wie die persönliche und kommunikative Ebene mit dem Kunden bisher funktioniert hat.

Diese Informationen verdichten sich beim Lesen zu einem **Schuldnerbild**. Es begleitet und unterstützt Sie beim Telefonieren und wird während des Telefonats überprüft und ergänzt. Die Weiterentwicklung des Schuldnerbildes muss sich dann in Ihrer Telefonnotiz wiederfinden. Das ermöglicht Ihnen selbst oder einem anderen Sachbearbeiter eine Fortsetzung präzise dort, wo Ihr Telefonat endete. Um die Bearbeitungszeit zu verringern, sollen diese Telefonnotizen bereits **während des Telefonats** handschriftlich erstellt oder mit dem Computer erfasst werden.

Ziele festlegen

Legen Sie als Nächstes fest, welches **Ziel** Sie mit dem Telefonat verfolgen. Ziele führen, begleiten und motivieren. Es lohnt sich deshalb, vor dem Telefonat darüber nachzudenken, warum Sie dieses Telefonat führen und was Sie damit erreichen möchten.

Ziele eines Mahntelefonats	
Präsenz	Durch **sofortige** freundliche Kontaktaufnahme soll dem Kunden klargemacht werden, dass ein Rückstand vorhanden ist und beobachtet wird. Entscheidend ist der Zeitpunkt eines solchen Telefonats: Am besten am ersten Vormittag nach Verzugsbeginn.
Test	Ich möchte herausfinden, was der Kunde denkt. ■ Wurde die Rechnung geprüft? ■ Gibt es irgendwelche Beschwerden oder Probleme, die den Kunden veranlassen, nicht zu bezahlen? Solche Telefonate werden vorsichtig geführt, weil oft Vorerfahrungen da sind, die Zurückhaltung auferlegen.
Druck	Der Kunde wird mit Nachdruck gemahnt, eine Frist wird gesetzt und die Konsequenz einer Fristversäumnis wird dargestellt. Ein solches Telefonat ersetzt oft die schriftliche Mahnung. Wer den Inhalt des Telefonats noch schriftlich bestätigt, schafft einen Aktenvorgang, der zusätzlich erinnert und verstärkt.
Recherche	Damit wird in der Umgebung des Schuldners nach Informationen gesucht. Solche Telefonate sind rechtlich kritisch, weil sie den Schuldner anschwärzen könnten. Mit geschickten Recherchetelefonaten lässt sich ein indirekter Druck aufbauen, der zulässig und erwünscht ist.

Warmlaufen

Wenn Sie die Informationen über den Kunden aufbereitet und Ihr Ziel festgelegt haben, stellen Sie sich den Ablauf des Telefonates vor. Solche **mentalen Vorbereitungen** werden Sie während Routinetätigkeiten knapp halten. Geben Sie aber für schwierige oder als wichtig empfundene Telefonate der mentalen Vorbereitung Raum.

Sie trainieren so die Vorbereitungsphase auch für Ihre Routinetätigkeiten. Manche Sachbearbeiter haben sich deswegen angewöhnt, grundsätzlich das erste Telefonat am Tag erst nach bewusster mentaler Vorbereitung zu führen.

Ablauf der mentalen Vorbereitung

Stellen Sie sich den Kunden vor. Sollten Sie ihn nicht kennen, erfinden Sie lieber ein frei phantasiertes Bild, das blitzschnell während des Telefonats korrigiert werden kann, als keines zu haben. Wenn Sie mit dem Kunden bereits telefoniert haben und seine Stimme kennen, hilft dies sehr, ein Bild aus der Erinnerung zu konstruieren.

Stellen Sie sich dann die Situation vor, in der sich Ihr Partner befinden könnte. Wichtig an diesen Vorstellungen ist nicht der Realitätsgehalt, sondern Ihr Bemühen um den inneren Kontakt zum Kunden. Dieses Bemühen ist wie ein Einstieg in das Telefonat und wird sich dann während des Telefonats fortsetzen.

Sie haben damit innerlich mit dem Kunden bereits Kontakt aufgenommen, bevor Sie mit ihm telefonieren. Sobald Sie die Kundenstimme hören, wird dies den Kontakt erweitern. Sie verhindern so, Mahntelefonate als reines Sachproblem zu empfinden und die sehr wichtige persönliche Ebene zu vernachlässigen.

Möglicherweise kennen Sie bestimmte Argumente, mit denen sich dieser Schuldner oder Schuldner generell in einer solchen Situation herausreden und wehren werden. Stellen Sie sich vor, wie Sie darauf antworten. Wie antworten Sie in der Sache, wie auf der persönlichen Ebene? Machen Sie sich Gedanken, wie Sie emotional auf dieses oder jenes Argument reagieren werden. Planen Sie nicht nur, sondern probieren Sie in Ihren Gedanken Alternativen aus. Sie werden in diesem Telefonat, aber auch generell in künftigen Telefonaten phantasievoller werden.

Anschließend bringen Sie sich in Position. Dafür hilft körperliche Bewegung. Ein kurzes Aufstehen, Umhergehen oder ein Kaffee helfen Ihnen, den Blick auf sich selbst zu richten. Nur wenn Sie sich wohl fühlen und dieses Telefonat, so, wie Sie es sich vorgestellt haben, wirklich wollen, werden Sie es als ganze Person mit vollem Engagement führen.

Achten Sie auf eine mögliche innere Abwehr oder einen Widerstand, den Sie empfinden. Er könnte Auslöser sein, über diese oder jene Vorbereitungssituation noch einmal nachzudenken oder sie nochmals durchzuspielen. Fühlen Sie sich aber wohl und spüren Sie Ihren Entschluss, jetzt zu telefonieren, dann atmen Sie durch. Das Durchatmen ist der Startschuss auf der körperlichen Ebene und die Vorbereitungshandlung für das Sprechen.

Checkliste: Vorbereitung Mahntelefonate

- Informationen sammeln und aufbereiten
- Ziel festlegen
- Mentale Vorbereitung
- Check der persönlichen Bereitschaft
- Durchatmen
- Das Telefonat führen

Werten Sie nach dem Telefonat aus, was Sie für das nächste Telefonat genauer und ausführlicher vorbereiten.

11.6 Der rote Faden – wie ein Mahntelefonat ablaufen sollte

Die Art, wie Sie ein Mahntelefonat führen, gibt dem Schuldner Signale, wie ernst es Ihnen ist und wie nachdrücklich Sie hinter Ihrer Forderung stehen. Auch der Zeitpunkt gibt darüber Aufschluss. Deshalb sollten Sie so frühzeitig wie möglich telefonieren.

Optimal ist ein Telefonat, das schon ein oder zwei Tage nach Eintritt des Verzugs dem Schuldner offensiv und freundlich klarmacht, dass der Verzug erkannt und nicht hingenommen wird.

Mahntelefonate laufen nach feststehenden Regeln ab, die den Beteiligten aber häufig nicht bewusst sind. In einem Mahntelefonat sind verschiedene Phasen zu durchlaufen, deren Reihenfolge und zeitlicher Umfang feststehen. Nur wer diese typischen Phasen kennt und die Funktion dieser Abschnitte versteht, kann sich jeweils auf das konzentrieren, was notwendig ist. Sie sollten mit den Phasen eines Mahntelefonats gut vertraut sein, das gibt Ihnen Sicherheit.

Phasen eines Outboundmahntelefonats	
Kontakt aufbauen	
▪ Persönliche Ebene	Austausch der Namen als Begrüßungszeremoniell. Feststellen, ob Sie mit der richtigen Person sprechen, ggf. weiterleiten lassen. Erst wenn diese Ebene geklärt ist, kann zur Sachebene gewechselt werden. Die Art und Weise, wie das Telefonat auf der persönlichen Ebene begonnen wird, stellt die Weichen für die spätere Verhandlung.
▪ Sachebene	Grund des Telefonats mitteilen und dabei die Forderung so bezeichnen, dass der Kunde sie einordnen kann. Keine Nummern, wo nicht notwendig. Je weniger Zeit für den Kontaktaufbau verwendet wird, um so weniger kann sich der Kunde auf den Anrufer einstellen und zur Sicherheit seiner gewohnten Abwehr finden.
Ballabspielen	Den Kunden zur Zahlung auffordern und ihn reden lassen.
Verhandeln	Mit welchem Ziel und mit welchen Mitteln verhandelt wird, ist individuell verschieden. Der Verlauf der Verhandlung hängt auch vom Stil und den sachlichen Argumenten des Partners ab. Hier kann nicht geplant werden.
Fixieren	Das Ergebnis der Verhandlungen wird in eine präzise Vereinbarung gegossen. An dieser Vereinbarung, nicht am vorher Gesagten, werden sich beide Seiten festhalten. Dieses Ergebnis wird deswegen dem Schuldner schriftlich bestätigt.
Verstärken	Abschlussphase des Gesprächs, in dem noch einmal die persönliche Ebene zwischen den Partnern im Vordergrund steht. Auf der persönlichen Ebene wird die Bedeutung der Vereinbarung festgelegt.
Beenden!	Wer nicht beendet, zerredet, fängt an, sich im Kreis zu drehen und relativiert damit die Vereinbarung.

Sie sollten mit diesen Phasen eines Mahntelefonats gut vertraut sein, das gibt Ihnen Sicherheit.

Tipp:
Wenn Sie während eines Mahntelefonats wissen, in welcher Phase Sie sind, gibt Ihnen das die Freiheit, sich dorthin zu bewegen, wohin Sie möchten.

Den Kontakt aufbauen

Wenn sich Menschen mit Handschlag begrüßen, ist der Ablauf durch ein Ritual streng formalisiert. Wehe, die Hände treffen sich aus Versehen nicht oder unser Gegenüber hat eiskalte Hände oder einen so genannten weichen Händedruck: In den ersten 10 Sekunden werden die Weichen für den weiteren Kontakt gestellt. Die erste Einschätzung des anderen, unsere emotionale Reaktion auf ihn, die unmittelbar entstandenen Sympathiewerte sind die Grundlage für die weitere Entwicklung des Kontaktes. Diese ersten Sekunden sind deswegen eine Chance, die kein zweites Mal kommt.

Tipp:
Nutzen Sie die Chance der ersten 10 Sekunden.
Präsentieren Sie Ihren Namen langsam, deutlich und damit verständlich.

Beim Telefonieren ist das Auge nicht beteiligt, auf dem auditiven Kanal läuft aber ein ebenso klar strukturiertes Ritual ab.

Wer nach dem Klingeln ein Telefonat annimmt, meldet sich zwingend mit seinem Familiennamen und schweigt danach. Anschließend ist der Anrufer am Zug und hat seinen Namen und sein Anliegen zu nennen.

Dieser formalisierte Austausch der Namen übernimmt die Funktion, die der Händedruck bei zwei Anwesenden hat.

Telefonieren zwei Personen erstmals miteinander, ist die Chance, dass sie ihre Namen wirklich verstehen und behalten können, eher gering. Der Anrufer erwartet eine bestimmte Person. Für ihn reicht auch ein undeutlich ausgesprochener Name, um seine Erwartung zu überprüfen. Meldet sich aber eine

Person mit fremdem Namen, muss sie sehr deutlich und langsam sprechen, damit ihr Name aufgenommen werden kann. Das Gleiche gilt für den Anrufer selbst. Sein Name wird vom Angerufenen nicht erwartet. Nur wenn er sehr langsam und deutlich spricht, hat er eine Chance, verstanden zu werden.

Wir sind es gewohnt, unseren Namen hauptsächlich gegenüber uns bekannten Personen zu einer Kurzidentifizierung auszusprechen. Manchmal nennen wir unseren Namen überhaupt nicht mehr und erwarten, dass uns etwa Familienmitglieder beim privaten Telefonieren sofort an der Stimme erkennen. Bei Outboundtelefonaten müssen wir umschalten und uns darüber klar werden, dass wir eine unbekannte Person sind, die sich in einer unangenehmen Situation präsentieren wird.

Häufig wird deshalb dem eigenen Namen der Vorname vorangestellt. Dies dient der Verständlichkeit. Vielleicht erinnern Sie sich noch an die James Bond-Filme, in denen sich Bond immer auf die gleiche Weise vorstellte: „Gestatten, mein Name ist Bond, James Bond". Niemand wäre auf die Idee gekommen, mit „Hallo James" zu antworten. Der Vorname wird nur wie ein Auftakt in der Musik als Ankündigung benutzt. Die Mitteilung des Vornamens heißt: „Achtung, das war ein Vorname, jetzt kommt gleich das, was man sich merken muss, nämlich der Nachname."

Betrachten Sie es so, hat der Vorname wenig Persönliches, und die Scheu, sich mit Vor- und Zunamen zu melden, ist leichter überwindbar.

Es geht in den ersten 10 Sekunden am Telefon aber nicht nur um das Verstehen der Namen, sondern bereits um das Gestalten der Atmosphäre für das weitere Telefonat. Schwierigkeiten, die Namen zu verstehen und aufzunehmen, setzen sich deshalb als Anlaufschwierigkeiten in der Atmosphäre des weiteren Telefonats fort. Für unsere Outboundmahntelefonate ergibt sich daraus eine Chance, die wahrgenommen werden will:

- Nennen Sie Ihren Namen so, dass der andere ihn verstehen muss.
- Sprechen Sie so langsam und deutlich, dass daraus Ihr Bemühen, verstanden zu werden, erkennbar wird.
- Markieren Sie so Ihr Interesse an einem präzisen Austausch auf der persönlichen Ebene.

So macht man aus der Schwierigkeit des Gesprächsanfangs das Signal, das Telefonat eben nicht nur auf der Sachebene, sondern gerade auch auf der persönlichen Ebene führen zu wollen. Die Sachdiskussion soll auf der Basis einer präzisen Verständigung auf der persönlichen Ebene ablaufen. Es ist, als würde man unter Anwesenden dem anderen nicht nur zunicken, sondern ihm sehr bewusst die Hand geben.

Aus dieser Atmosphäre des präzisen persönlichen Austausches wird das Telefondreieck:

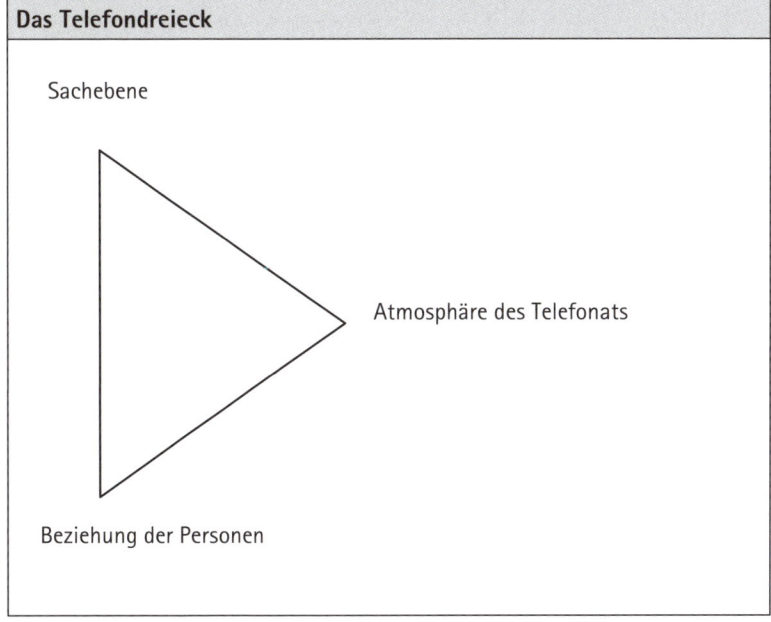

Das Telefondreieck

Sachebene

Atmosphäre des Telefonats

Beziehung der Personen

Das Telefondreieck lebt vom fortlaufend gepflegten Austausch zwischen den drei Positionen. Belastet die Sachebene, muss die Beziehungsebene der Personen gepflegt werden. Nimmt man Veränderungen der Atmosphäre des Telefonats wahr, kann dies an der Sach- wie an der Beziehungsebene liegen und bedarf dort der Unterstützung. Eine gut gepflegte Beziehungsebene und Atmosphäre des Telefonats erträgt eine Belastung der Sachebene besser.

Eine wichtige Weiche zugunsten einer guten Beziehungsebene stellen Sie, wie bereits oben erläutert, in den ersten zehn Sekunden des Telefonats, in denen Sie sich vorstellen. Es lohnt sich deshalb, den Ablauf schriftlich darzustellen, Veränderungen auszuprobieren und dann festzulegen, wie es am besten funktioniert. In Callcentern hat sich dafür der Begriff „Skript" eingebürgert, den wir übernehmen.

Skript: Die ersten 10 Sekunden (Privatkunde)	
Inkassosachbearbeiter/in:	Lässt das Telefon beim Kunden klingeln.
Kunde:	Meyer
Inkassosachbearbeiter/in:	Guten Tag Frau Meyer, hier ist die Firma Hackbardt aus Berlin. Mein Name ist Cornelia Schreck. Spreche ich mit Frau Mary Meyer?

Vergewissern Sie sich, dass der Angerufene tatsächlich der von Ihnen gesuchte Kunde ist. Erst wenn Sie mit dem Kunden sprechen, dürfen Sie zu Ihrem Mahnanliegen kommen.

Rufen Sie einen Firmenkunden an, werden Sie sich häufig zum zuständigen Sachbearbeiter durchfragen müssen.

Skript: Die ersten 10 Sekunden (Firmenkunde)	
Inkassosachbearbeiter/in:	Lässt das Telefon beim Kunden klingeln.
Kunde:	Kesselschmied GmbH, guten Tag.
Inkassosachbearbeiter/in:	Guten Tag, Firma Hackbardt aus Berlin. Bitte verbinden Sie mich mit der Debitorenabteilung.
Kunde:	Debitorenabteilung, Wellert.
Inkassosachbearbeiter/in:	Guten Tag, Frau Wellert. Hier ist die Firma Hackbardt aus Berlin. Mein Name ist Cornelia Schreck. Ich möchte mit Ihnen Debitoren abstimmen. Sind Sie dafür zuständig?

Wenn Sie Ihr Skript ausprobiert und festgelegt haben, gehen Sie ans Üben. Trainieren Sie die Begrüßungsformel und vor allem die Sprechweise Ihres Namens. Es ist hilfreich, wenn Sie Ihre Übungen aufnehmen und dann wieder abspielen. Holen Sie sich auch Feedback von Dritten, denen Sie vorsprechen und Ihre Aufnahmen vorspielen.

Wenn später Partner nach Ihrem Namen fragen oder ihn falsch aussprechen, nehmen Sie das nicht als bloßes Missverständnis, sondern als weiteres Feedback zu Ihrer Sprechweise. Üben Sie erneut, sobald es notwendig wird.

Sind die Namen ausgetauscht, ist das Begrüßungsritual zu Ende. Der Anrufer hat sein Anliegen vorzutragen. Bleiben Sie dabei genauso schlicht und freundlich.

Skript: Sachebene (Privatkunde)	
Inkassosachbearbeiter/in:	Wir haben Ihnen 10 Türbeschläge geliefert und vor 4 Wochen mit 1.837,50 EUR abgerechnet. Wann bezahlen Sie diesen Betrag?

Mit Firmenkunden müssen die Posten regelmäßig genauer abgestimmt werden.

Skript: Sachebene (Firmenkunde)	
Inkassosachbearbeiter/in:	Darf ich Ihnen meine Rechnungsdaten durchgeben? ... ... Bei mir ergibt sich ein Saldo in Höhe von ... EUR, davon ... EUR älter als 30 Tage. Wann wird dieser Saldo ausgeglichen?

Weitere Tipps für den Kontaktaufbau:

- Bleiben Sie auch auf der Sachebene knapp.

- Spielen Sie den Ball dem Kunden so früh wie möglich zu. Der richtige Zeitpunkt ist genau dann, wenn der Kunde verstanden hat, wer Sie sind und was Sie wollen.

- Fragen Sie den Kunden, wann er bezahlt, oder etwas vornehmer, wann Sie mit der Zahlung rechnen dürfen. Fragen Sie nicht danach, warum er nicht bezahlt. Fragen leiten. Wir wollen den Kunden ins Zahlen leiten, nicht ins Begründen, warum er nicht bezahlt.

- Vorwürfe bringen nichts. Sie sind ein Zeichen eigener Schwäche, weil mit den Vorwürfen der eigene Anruf gerechtfertigt wird. Vorwürfe schaffen Konfrontation und die ist in der Anfangsphase unerwünscht.

- Reichen Sie in der Anfangsphase dem Kunden die offene Hand. Um ihm die Faust zu zeigen, ist später, wenn es notwendig wird, immer noch Zeit.

- Je freundlicher und offener die Atmosphäre zu Beginn eines Gesprächs ist, um so näher ist man dem guten Ergebnis. Um so weiter ist auch der Weg in die Konfrontation und gegenseitige Blockade.

Wenn sich nur der Anrufbeantworter meldet ...

... haben Sie leichtes Spiel.

Tragen Sie Ihr Anliegen vor und bitten Sie um Rückruf. Bleiben Sie kurz, bei manchen Anrufbeantwortern haben Sie nur 20 Sekunden Zeit, dann stellen sie sich ab. Seien Sie besonders freundlich, obwohl Sie möglicherweise erschrocken sind, dass nur die Maschine antwortet. Sprechen Sie Ihr Anliegen nur dann auf den Anrufbeantworter, wenn Sie sicher sind, dass der Kunde das Band abhört.

Skript: Anrufbeantworter (Kundenidentität unklar)	
Inkassosachbearbeiter/in:	Hier ist die Firma Wertbau GmbH. Mein Name ist Frank Dedering. Ich hätte mit Herrn Dominik Abele dringend etwas zu besprechen und bitte um seinen Anruf unter Tel.-Nr. ... Herr Abele, bitte rufen Sie mich unbedingt bis Dienstagabend zurück. Sie erreichen mich zwischen 8.00 und 17.00 Uhr. Sie können mir gerne auch Ihre Handynummer auf meinen Anrufbeantworter sprechen, ich rufe Sie dann an. Danke.

Dieses Skript versucht durch betonte Freundlichkeit die Rückrufwahrscheinlichkeit zu erhöhen. Dafür ist etwas mehr Sprechtext notwendig. Die 5 Sätze dauern, langsam gesprochen, 30 Sekunden.

Skript: Anrufbeantworter (Kundenidentität eindeutig)	
Inkassosachbearbeiter/in:	Hier ist die Firma Wertbau GmbH. Mein Name ist Frank Dedering. Herr Abele, guten Tag, ich rufe an wegen unserer Rechnung vom 15.04. Bitte bezahlen Sie die Rechnung und rufen Sie mich bis Dienstagabend unter meiner Tel.-Nr. ... an. Ich hoffe sehr, dass wir zu Ihrer Zufriedenheit gearbeitet haben. Danke.

Die Elemente des Skripts sind:

- Begrüßungsformel: „Mein Name/Dein Name." Auch hier mit Nennung des Vornamens.

- Sachebene: „Unsere Rechnung vom ..." Ein kurzer Hinweis zur Identifikation reicht.

- Zahlungsaufforderung: Ohne Vorwürfe oder Schnörkel.

- Verstärken. Die Verbindung der Zahlungsaufforderung mit der Aufforderung anzurufen durch ein „und" teilt eine doppelte Erwartung des Anrufers mit. Für den Kunden liegt es nahe, sich zu sagen: „Zahlen werde ich schon, aber anrufen eben nicht."
  Indem der Sachbearbeiter den Rückrufwunsch unmittelbar hinter die Zahlungsaufforderung stellt, erwartet der Kunde einen Vorwurf, für den er sich rechtfertigen müsste. Diese sofortige Erwartung des Kunden wird aber auf den Kopf gestellt, wenn die Sachbearbeiterin die eigene Unsicherheit mitteilt, ob denn alles in Ordnung sei von ihrer Seite. Die Aufforderung, anzurufen, erhält so einen quasi harmlosen Anstrich. Der Kunde wird erst recht nicht anrufen. Erhöht wurden aber die Sympathiewerte des Lieferanten und damit die Wahrscheinlichkeit, dass prompt bezahlt wird.

Wenn Sie dem Kunden längere Zeit erfolglos hinterhergelaufen sind und ihn zum ersten Mal am Telefon haben ...

... freuen Sie sich über den Kontakt.

Wenn Sie sich auch auf dieses Telefonat mental vorbereitet haben, haben Sie einen möglichen Misserfolg vorweggenommen und vorausschauend verdaut.

185

Sie waren bereit, ein weiteres Mal auf den Anrufbeantworter zu sprechen und dies freundlich zu tun. Selbstverständlich war zu Beginn dieser Vorbereitung Ärger über den Kunden vorhanden, der weder bezahlt, noch sich meldet. Sinn der Vorbereitung war es aber, diesen Ärger zu verdauen, um positiv denkend auf den Kunden zugehen zu können.

Tipp:
Sich ärgern ist menschlich, aber überwindbar. Wer seinen Ärger auch dem Kunden mitteilen muss, vermindert die Wahrscheinlichkeit der Zahlung.

Ärger ist nur sinnvoll, wenn wir etwas korrigieren können. Wo wir nicht korrigieren können, erleichtert uns Anpassung das Leben.

Noch weniger sinnvoll ist es, sich über den eigenen Ärger zu ärgern. Dass Kunden „ohne Grund" nicht bezahlen, ist unser Alltag. Also wirklich: Es ist möglich, dass wir uns über den endlich erreichten Kunden freuen und ihm das auch mitteilen:

„Guten Morgen, Herr Müller, schön dass ich Sie heute erreiche. Hier ist Frank Dedering von der Firma Wertbau GmbH ..."

Verhandeln und Fixieren

Sobald Sie an den Kunden den Ball abgespielt haben, hat er das Sagen und bestimmt den Gang der Verhandlung. Für die Verhandlung gibt es aber einen vom Gläubiger umgrenzten Raum. Der Gläubiger hat klargemacht, dass er die unverzügliche Zahlung will. Die Art seines Auftretens lässt sein Ziel erkennen. Es geht ihm um eine kurzfristige Zahlungszusage. Innerhalb dieses gesetzten Rahmens versucht sich der Kunde zu verteidigen.

Tipps für die Verhandlung

- Hören Sie sich die Argumente des Kunden an. Wer sich von vornherein dagegen sperrt, belastet die Atmosphäre. Wer zuhört, hat auch Zeit, über Gegenargumente nachzudenken und Übertreibungen zu relativieren. So kurz wir in der Phase des Kontaktaufbaues sein mussten, so sehr haben wir jetzt durchaus Zeit für einen langsameren Gang des Gesprächs. Sobald Sie

Ärger des Kunden verspüren, signalisieren Sie ihm durch Zuhören, dass Sie ihn ernst nehmen. Wer Ärger ausspricht, hat schon einen ersten Schritt zum Abbau getan. Oft ist nach 2 Minuten Reden der Kunde dann bereit, über das Bezahlen zu sprechen und es dann auch zu tun.

- Gehen Sie auf berechtigte Anliegen des Kunden ein. Ist ein Anliegen aber unberechtigt, rechnet der Kunde mit Ihrem Widerspruch. Widersprechen Sie deshalb. Widersprechen Sie nämlich nicht, teilen Sie mit, dass man mit Ihnen Schlitten fahren kann. Der unterlassene Widerspruch wird flugs als Zustimmung gewertet. Manche Kunden fühlen sich dann herausgefordert, auf dieser Schiene weiterzufahren.

- Wenn Sie wegen eines Anliegen des Kunden unsicher sind und intern nachfragen müssen, unterbrechen Sie das Telefonat. Meist ist es leichter, die Unsicherheit einzugestehen, als sie zu überspielen. Vereinbaren Sie einen Rückrufertermin.

- Stellen Sie Fragen, gehen Sie den Argumenten des Kunden nach. Wer fragt, führt. Man lenkt den Kunden und zeigt ihm, dass man sich für seine Argumente interessiert.

- Bleiben Sie aber zäh. Wenn Sie nachgeben müssen, tun Sie das in kleinen Schritten und betonen Sie das. Wer vor allem bei Teilzahlungswünschen schnell nachgibt, telefoniert zwar kurz, aber mit schlechtem Ergebnis.

- Halten Sie innere Distanz, um locker bleiben zu können. Je spielerischer Sie verhandeln, um so leichter geht es.

- Verhandeln Sie **mit** Ihren Emotionen und nicht gegen sie.

- Verhandlungsprinzip: Schneller Wechsel zwischen offener Hand und geballter Faust.

Tipp:
Gleichgültig, was und wie verhandelt wurde: Fixieren Sie das Ergebnis.

Selbst wenn Sie als Zwischenergebnis nur ein weiteres Telefonat verabreden, legen Sie sich und den Kunden exakt fest. Regeln Sie, wer wen, wann und um welche Uhrzeit anruft und was bis dahin abgeklärt wurde.

Sind Mängel zu beheben, die außerhalb Ihres Kompetenzbereiches liegen, besprechen Sie tagesgenau, wer wie vorgeht und den anderen verständigt. Sorgen Sie dafür, dass Sie intern dafür auch die Kompetenz erhalten. Wer dem Kunden sofort sagen kann, was wie in der Firma erledigt wird, zeigt, dass er etwas zu sagen hat. Einen solchen Gesprächspartner nimmt man ernst. Mit ihm getroffene Vereinbarungen werden eher eingehalten.

Werden Raten vereinbart, legen Sie tagesgenau die Daten, die Beträge und die weiteren Kosten und Zinsen fest.

Dazu ist es unerlässlich, während der telefonischen Verhandlung mitzuschreiben, schriftlich zusammenzufassen und die Notiz über das Ergebnis durch Vorlesen mit dem Partner auszutauschen.

Tipp:
Bestätigen Sie das Besprochene dem Schuldner unverzüglich schriftlich, um sich und die Vereinbarung in Erinnerung zu halten.

Nachdem das präzise Ergebnis ausgetauscht wurde, beginnt die Schlussphase des Telefonats.

Betonen Sie noch einmal die Wichtigkeit der Vereinbarung und dass es Ihnen darauf ankommt, dass sie auch pünktlich eingehalten wird. Sie unterstreichen dies, indem Sie einerseits die Geschäftsbeziehung würdigen, andererseits noch einmal auf die Konsequenzen hinweisen, die drohen, wenn die Vereinbarung nicht eingehalten wird. Sie verstärken auf diese Weise das Gesagte und erhöhen die Wahrscheinlichkeit, dass eine Vereinbarung auch eingehalten wird.

Prüfen Sie, ob dem präzise fixierten Ergebnis auf der Sachebene eine intakte persönliche Ebene entspricht. Betonen Sie, dass Sie das persönliche Engagement des Telefonpartners schätzen und sich auf ihn persönlich verlassen. Sprechen Sie am Schluss noch einmal die Atmosphäre an, zumindest wenn sie am Schluss wieder partnerschaftlich geworden ist.

All dies sollte aber kurz und bündig wie das ganze Gespräch geschehen. Wenige Sätze müssen ausreichen. Wer in der Schlussphase das Gespräch in die Länge zieht, entwertet die Vereinbarung. Schnell entsteht der Eindruck, dass das Fixierte auch wieder zerredet werden könnte.

Beenden Sie das Gespräch deswegen sobald wie möglich.

Beispiel: Gespräch beenden	
Inkassosachbearbeiter/in:	Herr Schröder, ich fasse noch einmal zusammen: Sie bezahlen in 2 Raten. Die 1. Rate über 2.000 EUR wird heute noch von Ihnen angewiesen. Die 2. Rate von 1.850,10 EUR enthält die Mahngebühren und Verzugszinsen und wird von Ihnen am 15. des nächsten Monats angewiesen. In beiden Fällen erhalte ich von Ihnen eine E-Mail, dass die Anweisung erfolgt ist. Habe ich das richtig wiedergegeben?
Kunde:	Ja das stimmt.
Inkassosachbearbeiter/in:	Ich habe versucht, Ihnen entgegenzukommen, Herr Schröder. Ich möchte mich jetzt aber auch auf Ihre Zusage verlassen können.
Kunde:	Ja, das geht klar.
Inkassosachbearbeiter/in:	Sie wissen, aufgrund Ihrer Zusage schiebe ich die Liefersperre hinaus. Ich erwarte also heute Abend Ihre erste Mail.
Kunde:	Geht in Ordnung.
Inkassosachbearbeiter/in:	Dann vielen Dank und einen schönen Tag, Herr Schröder.
Kunde:	Auf Wiedersehen.

Der rote Faden als Blickfang

Weil während eines Telefonats unser visueller Kanal nicht gefordert ist, hält sich das Auge gerne an etwas fest. Bringen Sie deswegen den roten Faden als vergrößerte Kopie dort an, wo Sie während des Telefonierens hinschauen. Das erleichtert Ihnen zu wissen, in welcher Phase des Gesprächs Sie sich befinden.

Der Rote Faden		
Vorbereiten	→ Informieren:	Infos sichten und zu einem **Schuldnerprofil** verdichten
	→ Planen:	Ziele, Argumente, Skript
	→ Andocken:	Auf den Telefonpartner einstellen (visualisieren)

Durchatmen! "Bin ich okay?"

Telefonieren	Eröffnen	Persönliche Ebene	→	„unsere Namen" den Richtigen ansprechen

Atmosphäre gestalten

		Sachebene	→	„mein Anliegen" Lieferung Rechnungszugang Beweissicherung
		Den Ball abspielen:		Wann zahlen Sie?
	Verhandeln	Geht nicht	→ Geld oder Infos	
		Will nicht	→ Drucktreppchen	
	Verdichten	Ein tagespräzises Ratenergebnis fixieren		
	Verstärken	und dann beenden!		

Entwickeln Sie den roten Faden für sich selber weiter. Unterstreichen Sie, machen Sie bunt, was Ihnen wichtig ist. Markieren Sie die Stellen besonders, die Sie als Klippen empfinden. Mit kleinen Appellen wie „die Sache auf den Punkt bringen", „offensiver!" oder „langsamer" geben Sie sich selbst kleine Hilfen.

Üben

Wir denken häufig darüber nach, mit welchen Argumenten wir den Kunden überzeugen können. Bei diesem Nachdenken übersehen wir, dass das vielleicht wichtigste Argument die Art unseres Auftrittes ist. Wir selbst und unsere Kunden denken nicht nur auf der sachlichen Ebene. Über die Empfindung geben wir der sachlichen Ebene die wirkliche Bedeutung. Die Entscheidung, ob bezahlt wird oder nicht, erfolgt meist aus dem Bauch. Genau dort wirkt auch die Art unseres Auftretens. Die wichtigste Hilfe dafür ist das Durchziehen des Telefonats anhand des roten Fadens. Weil der Verhandlungsteil eines Telefonats aber nicht planbar ist, gilt es, immer wieder zu üben.

> **Tipp:**
> Üben heißt:
> - Analyse sofort nach dem Telefonat.
> - Sich vornehmen, was das nächste Mal anders und besser gemacht wird.

Die beste Übung ist das Mitschneiden eines Telefonats etwa mit einem dafür geeigneten Anrufbeantworter und das anschließende Analysieren in einer Gruppe.

Achtung: Wer Telefonate mitschneidet, muss dies zu Beginn des Telefonats ankündigen. Weil diese Ankündigung eine Hürde ist, wird sie am besten schriftlich ausformuliert und in unser Skript eingebaut. Für die Ankündigung gibt es genau einen richtigen Zeitpunkt: Sobald wir uns mit dem Namen gemeldet haben und der Telefonpartner verstanden hat, was wir wollen, kann er die Gesprächssituation einschätzen. Vorher wäre eine Ankündigung des Mitschneidens eine Zumutung. Wird sie erst später während des laufenden Gesprächs gebracht, ist sie rechtlich gesehen bereits zu spät.

Skript: Ankündigung von Tonbandmitschnitten eines Telefonats	
Nach der Sachebene, bevor der Ball abgespielt wird:	
Inkassosachbearbeiter/in:	Herr Schröder, wir zeichnen, wenn Sie einverstanden sind, dieses Telefonat auch auf. Dann wird beweisbar, was wir vereinbart haben.
	Herr Schröder, wann darf ich mit Ihrer Zahlung rechnen?

Es ist sehr selten, dass angerufene Kunden den Mitschnitt verweigern. Schließlich hat man ja nichts zu verbergen. Hören Sie sich den Mitschnitt nicht sofort nach dem Gespräch an. Machen Sie sich zuerst Gedanken zum Gespräch und überprüfen Sie dann durch Abhören des Mitschnittes, ob Ihre Einschätzung richtig ist. Wenn Sie üben wollen, den roten Faden durchzuziehen, beantworten Sie nach dem Gespräch die Checkfragen zum roten Faden:

Checkliste: Fragen zum roten Faden		
	ja	nein
▪ Hat der Kunde meinen Namen verstanden? War die Namensnennung so, dass sie als ein freundliches „Die Hand geben" aufgefasst werden musste? Habe ich also wirklich alles dafür getan, das Mahngespräch am Anfang auf die Schiene der Freundlichkeit zu setzen?	☐	☐
▪ Habe ich mein Anliegen unverzüglich und knapp dargestellt? Hat der Kunde sofort verstanden, um was es ging oder sollte dort mein Skript verändert werden? Bin ich vom Skript abgewichen und habe zusätzliche Sätze eingeschoben, die das Gespräch verwässert haben?	☐	☐
▪ Habe ich danach den Ball unverzüglich abgespielt? Habe ich den Ball mit einer Frage nach dem Zahlen oder mit einer Frage abgespielt, die eher ins Gegenteil führte?	☐	☐
▪ Habe ich mich bei der Verhandlung für die Kundenargumente offen gezeigt? Habe ich den Eindruck, dass sich der Kunde mit seinem Anliegen verstanden fühlte? Habe ich dann den Kunden aber ebenso konsequent auf mein Zahlungsanliegen angesprochen?	☐	☐
▪ Haben wir das Vereinbarte genau nach Inhalten und Daten fixiert? Wurde das Besprochene von mir am Schluss zusammengefasst?	☐	☐
▪ Habe ich am Schluss mit verbindlichen Worten noch einmal auf **mein** Anliegen hingewiesen und das Telefonat so beendet? Hat das Telefonat also mit gegenseitigem Verständnis und Wohlwollen auf der persönlichen Ebene geendet? Kann ich beim nächsten Telefonat deshalb auf dieser guten, gemeinsamen Ebene beginnen?	☐	☐
▪ Dauerte das Telefonat zu lange oder war es zu kurz? Je länger ein Gespräch dauert, umso größer ist die Gefahr, dass zerredet und damit Ihr Zahlungsanliegen verwässert wird. Schneiden Sie deshalb kein Thema an, das am Rande liegt. Führen Sie das Telefonat sofort auf den wesentlichen Kern, nämlich das Zahlen zurück, wenn der Kunde abschweift. Gab es Überlängen? Wo wäre Kürzen richtig gewesen?	☐	☐
Notizen:		

Sie können diese Fragen auch schriftlich beantworten. Sie legen sich dann stärker fest und können leichter beurteilen, ob sich nach dem Abhören des Mitschnitts Ihre Meinung verändert.

Hören Sie Ihren Mitschnitt allein, besser zusammen mit Kollegen ab. Das Feedback in der Gruppe ist nicht nur kreativer, sondern besonders stark motivierend. Haben Sie keine Möglichkeit, Telefonate mitzuschneiden, so können Sie Kollegen auch direkt über einen Lautsprecher zuhören lassen. Ist auch das nicht möglich, muss Ihr eigenes Feedback für die eigene Entwicklung ausreichen.

> **Tipp:**
> Wir denken meist daran, was schlecht war. Das kommt uns häufig zuerst in den Sinn. Zwingen Sie sich zu der Reihenfolge:
> - Gut war ...
> - Künftig mache ich dieses oder jenes anders ...

Kein Meister fällt vom Himmel. Es bedarf schon der einen oder anderen Woche Übung. Nehmen Sie sich bestimmte Tage und Zeiten vor, in denen Sie üben. Bewährt hat sich ein Gruppentreffen mit Kollegen einmal wöchentlich für eine Stunde.

Meist hören wir mit dem Üben zu früh auf. Das eben Erlernte reduziert sich dann, bis wir wieder beim alten Stil angelangt sind. Es ist deshalb nützlich, nach genau einem viertel oder einem halben Jahr den eigenen Stil erneut zu testen. Wenn Sie wollen, markieren Sie dieses Datum in Ihrem Kalender und entscheiden Sie dann, was Sie nachhaltig verändert haben. Am besten planen Sie eine neue, jetzt kurze Übungssequenz zum Wiederholen ein. Wer so vorgeht, wird wie von selbst neue Ansätze für seine Stilentwicklung finden.

Wird daraus ein fortlaufendes Lernen auch in der Zukunft, entsteht dieser bewundernswerte Telefonstil für Outboundtelefonate, der die Erfolgschancen vervielfacht.

Die eigene Aufmerksamkeit lenken

Wenn Sie nach einem Telefonat eine Lernphase einschalten, werden die guten Vorsätze das nächste Telefonat beeinflussen. Am besten ist es, wenn Sie mit den guten Vorsätzen unverzüglich das nächste Telefonat führen und ausprobieren, was Sie verändern konnten. Arbeiten Sie einzelne Checkfragen zu einem Vorsatz um. Nehmen Sie sich z. B. vor, die Eröffnungsphase des nächsten Gesprächs bis zum Ballabspielen bewusst langsam sprechend zu gestalten. Versuchen Sie, das mehrere Telefonate hintereinander durchzuhalten und beobachten Sie Ihre Fortschritte.

Sie werden mit der Zeit entdecken, dass die immer größer werdende Routine Ihnen Freiraum für weiteres Beobachten öffnet. Zuerst beobachten Sie sich selbst, dann während des Telefonats auch den Partner und Details des Gesprächs. Immer mehr sind Sie in der Lage, diese Aufmerksamkeit bewusst dorthin zu lenken, wo Sie wollen.

Die folgende Grafik zeigt, wie die Autoren die Entwicklung ihrer eigenen Fähigkeit, am Telefon zu kommunizieren, empfunden haben. Die einzelnen Entwicklungsstufen wurden mit „Zu Anfang", „Später" und „Heute" bezeichnet. Ergänzend zur Abbildung möchten wir Ihnen diese Stufen erläutern:

Zu Anfang: Die vielen, neu erlebten Emotionen und vor allem ihre überraschende Fülle hatten fast die gesamte Aufmerksamkeit gebunden.

Später: Mit zunehmender Erfahrung im Umgang mit diesen Emotionen war eine gewisse Routine entstanden, sodass weniger Aufmerksamkeit gebunden war. Dadurch war Raum entstanden, den Fokus stärker auf den Partner oder auf die Interaktion zwischen den Partnern zu lenken.

Auch hatten wir gelernt, Emotionen gezielt für das Telefonat zu nutzen statt sie zu unterdrücken. Wütend zu werden hatte uns z. B. im Laufe der Zeit immer weniger gestört. Die darin enthaltene Energie hatten wir ins Telefonat gelenkt und ihr Raum gegeben. Es stellte sich heraus, dass wütend zu werden in den meisten Fällen durchaus berechtigt war und der Partner dies auch erwartet hatte.

Heute: Die Aufmerksamkeit ist nur zum geringeren Teil bei einem selbst. Techniken wie der Rote Faden helfen, genau zu wissen, wo man im Ablauf der Kommunikation steht. Es ist noch mehr Raum da für die Interaktion oder das Beobachten des anderen.

Vor allem ist der Fokus flexibler geworden. Es kann sein, dass er, etwa nach einem unfairen Angriff, ganz bei einem selbst ist. Dann wandert der Fokus aber sehr schnell wieder in andere Bereiche. Die Aufmerksamkeit wird also je nach Erfordernis bewusst unterschiedlich gerichtet.

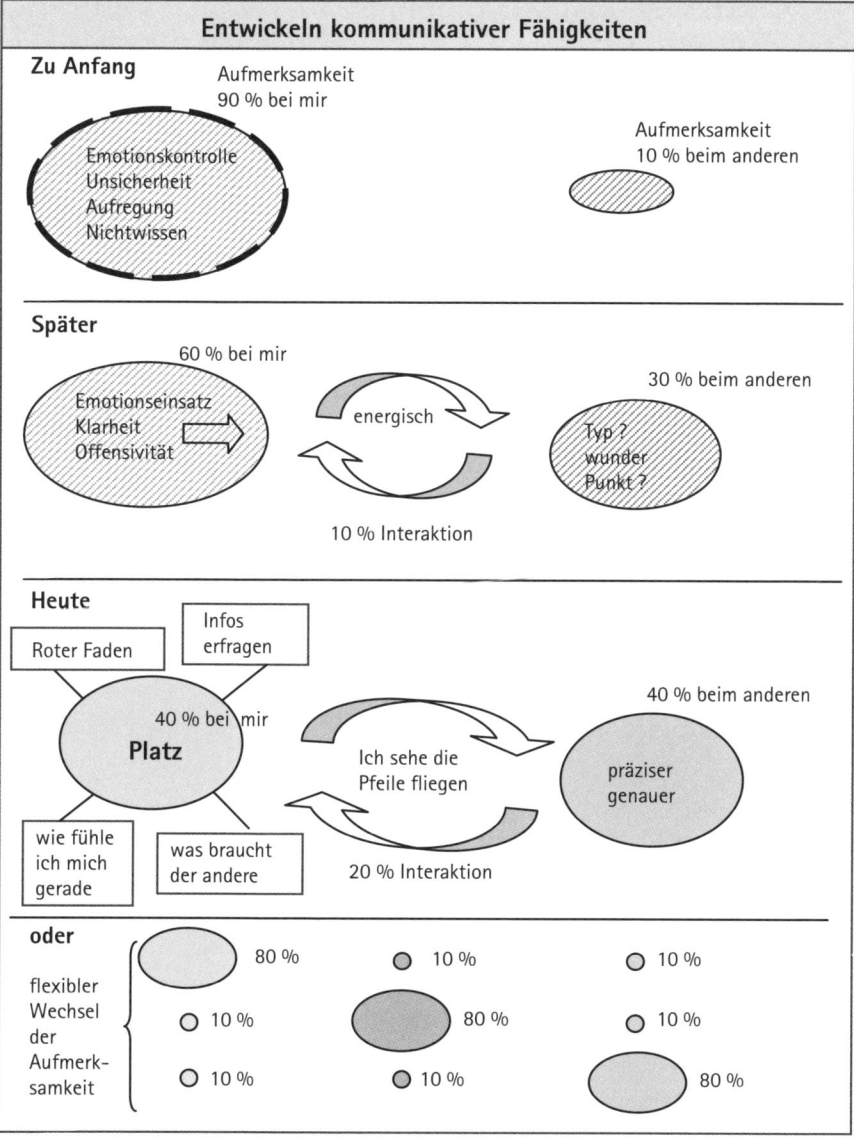

Entwickeln kommunikativer Fähigkeiten

Zu Anfang

Aufmerksamkeit
90 % bei mir

Emotionskontrolle
Unsicherheit
Aufregung
Nichtwissen

Aufmerksamkeit
10 % beim anderen

Später

60 % bei mir

Emotionseinsatz
Klarheit
Offensivität

energisch

30 % beim anderen

Typ?
wunder
Punkt?

10 % Interaktion

Heute

Infos
erfragen

Roter Faden

40 % bei mir

Platz

Ich sehe die
Pfeile fliegen

40 % beim anderen

präziser
genauer

wie fühle
ich mich
gerade

was braucht
der andere

20 % Interaktion

oder

flexibler
Wechsel
der
Aufmerk-
samkeit

80 % 10 % 10 %

10 % 80 % 10 %

10 % 10 % 80 %

11.7   Stimme macht Stimmung

Auch wissenschaftliche Untersuchungen haben gezeigt, wie sehr Hören unmittelbar auf unsere Emotionen einwirkt. Hörerlebnisse beeinflussen unsere Stimmung oft stärker als mit dem Auge erfasste Bilder. Deswegen wird in Kinos sowohl auf eine große Leinwand wie auf gute Lautsprecher Wert gelegt. Filmmusik ist für die Bilder des Films nicht nur Begleitung. Sie gibt den Bildern emotionale Bedeutung.

Weil wir beim Telefonieren keine Bildinformation haben, wird die Stimme zum einzigen Informationsträger. Sie bringt nicht nur die Inhalte über die Worte zum Partner. Die Stimme macht ganz allgemein Stimmung am Telefon. Sie ist auch die Musik, die jedes Wort interpretiert. Die Stimme gibt jedem Satz Bedeutung. Man hört z. B. ein Ausrufezeichen durch die in die Stimme gelegte Nachdrücklichkeit. Fragesätze haben eine eigene Melodie und mit Kunstpausen unterstreichen wir die Bedeutung des Gesagten. Das alles geschieht unbewusst und wird unbewusst wahrgenommen.

Neben der Sprechweise trägt auch die Art der Stimme zur Gestaltung des Telefonates bei. Wir bringen Stimmen dieselben emotionalen Reaktionen entgegen wie den Personen, die wir sehen.

Die meisten Menschen glauben, ihre Stimme und ihre Sprechweise seien genauso angeboren wie ihre Körpergröße oder die Haarfarbe. Eine Veränderung sei deshalb, wenn überhaupt, dann nur für einige Augenblicke durch Verstellen möglich. Andererseits erleben wir alle, wie sich Menschen während ihres Lebens verändern und sich die Stimme parallel dazu entwickelt.

Der Stimmbruch ist kein Unfall, sondern notwendiger Ausdruck einer inneren Veränderung, die vom Körper ausgeht und das gesamte persönliche Erleben verändert. Auch unsere Alltagssprache enthält viele Hinweise auf die Parallelität von persönlicher Situation und Stimme. Wir sprechen von einer „tragenden Stimme" oder davon, dass eine Stimme brüchig klingt.

Wer an seiner Stimme und an seiner Sprechweise arbeitet, kommt deshalb sich selbst sehr nahe. Stimmentwicklung ist Persönlichkeitsentwicklung.

Natürlich können Sie auch ohne Training erfolgreich Ihre Mahntelefonate führen. Wenn Sie aber ein Ohr für Ihre eigene Stimme und für fremde Stimmen haben, setzen Sie allein dadurch Ihre Entwicklung in Gang. Jeder, der bewusst hinhört und beobachtet, setzt Veränderungen in Gang. Sie beschleunigen diese Entwicklung aber, wenn Sie zusätzlich auf einfache Weise im Alltag an Ihrer Stimme arbeiten.

Wenn Sie sich mit der Art Ihres Sprechens beschäftigen und es verbessern wollen, schlagen wir Ihnen vor, in drei Schritten vorzugehen.

Sprechtraining in drei Schritten

Schritt 1: Die eigene Stimme hören und beobachten

Sobald Sie Ihre eigene Stimme oder ein Telefonat aufnehmen, treffen Sie auf ein unbekanntes Hörerlebnis. Weil wir unsere Stimme selbst anders hören als ein Dritter, ist das erste Abhören einer Aufnahme der eigenen Stimme nicht selten ein Erlebnis, das berührt und manche auch erschreckt. Wir werden uns darüber klar, dass wir von anderen anders wahrgenommen werden als von uns selbst.

Selbstbeobachtung ist vielen Menschen fremd, für die Entwicklung unserer Fähigkeiten am Telefon aber grundlegend. Zugleich wissen wir, dass wir dieses Selbstbeobachten, haben wir es einmal angefangen, nicht einfach zur Seite legen können. Es unterstützt unsere Fähigkeit, uns zu verändern im beruflichen wie im privaten Umfeld. Sobald Sie sich also intensiver einlassen und ein wenig weiterprobieren wollen, machen Sie den nächsten Schritt.

Schritt 2: Entdecken und bewusst machen

Nach dem Zuhören folgt das Ausprobieren.

Suchen Sie sich einen stillen Ort, wo Ihnen niemand zuhören kann. Üben Sie dort das Sprechen, schneiden Sie Ihre Übung mit und hören Sie die Aufnahme anschließend ab.

Trainieren Sie bestimmte Elemente, die Ihnen beim Abhören eines Original-telefonmitschnittes aufgefallen sind. Es ist in dieser Phase nicht wichtig, was Sie trainieren, sondern dass Sie damit anfangen und entdecken, dass durch Üben Veränderung möglich ist.

Elemente, die Sie trainieren können:

- Sprechweise Ihres Namens

  Wir müssen jedes Telefonat mit unserer Namensnennung eröffnen. Weil die ersten 10 Sekunden so wichtig sind, kommt es hier auf Ihre Sprechweise entscheidend an. Verändern Sie die Betonung, die Sprechgeschwindigkeit und machen Sie eine kurze Pause vor Ihrem Namen, damit er besser verstanden werden kann.

- Einfluss der Körperhaltung

  Probieren Sie verschiedene Körperhaltungen und ihren Einfluss auf die Stimme aus. Wenn Sie beim Telefonieren eine freiere, beweglichere Körperhaltung einnehmen, werden Sie eine Veränderung auch in Ihrer Stimme feststellen. Probieren Sie aus, ob Ihnen das Sprechen im Stehen oder im Sitzen leichter fällt.

- Experimentieren Sie mit einer besonderen Betonung beim Ballabspiel.

  Üben Sie den wichtigen Satz „Wann zahlen Sie?" mit einer ruhigeren, eindringlicheren Stimmlage, mit einer besonderen Betonung. Probieren Sie jeweils auch das Gegenteil aus, dann wird deutlicher, was richtig und was falsch ist. Versuchen Sie, Ihre Stimme anzuheben oder zu senken. Legen Sie einmal Nachdruck in Ihre Stimme.

- Sprechen Sie vor einem Spiegel. Beobachten Sie, wie das Sprechen mit Ihrer Kaumuskulatur zusammenhängt. Machen Sie den Mund beim Sprechen weit auf und achten Sie auf runde, offen ausgesprochene Vokale (= a, e, i, o, u).

- Für eine deutlichere Aussprache und gegen unser alltägliches Nuscheln: Nehmen Sie einen Weinkorken zwischen Ihre Zähne und sprechen Sie einen kurzen Text. Drei Minuten pro Tag eine Woche lang reichen aus, um eine nachhaltige Veränderung hervorzurufen.

- Jedes Vorlesen ist Sprechtraining. Kinder freuen sich darüber genauso wie der autofahrende Partner, den man damit unterhält.

Schritt 3: Beginn einer Entdeckungsreise

Wenn Sie sich an Ihre eigene Stimme gewöhnt haben, Ihnen das Beobachten beim Zuhören alltäglich wird und Sie aktiv Veränderungen an Ihrer Sprechweise vornehmen, sind Sie bereits unterwegs auf einer Entdeckungsreise. Sprache und Stimme werden zu einer neuen Welt. Plötzlich fallen Details auf, wenn Sie z. B. einem Radiosprecher zuhören. So kann der Wunsch entstehen, ins Theater zu gehen oder der Wunsch nach Hörbüchern, die Sie beim Autofahren begleiten ...

Sie sind in der Welt des Hörens angekommen. Ihre Entdeckungen dort werden Ihre Fähigkeit, bei einem Schuldnertelefonat genau hinzuhören, genauso entwickeln wie Ihre Fähigkeit, sich beim Sprechen zu beobachten. Nur wer sich selbst zuhören kann, wird seine Sprechweise so verändern, wie er gehört werden will.

11.8   Mit Fragen den Schuldner öffnen

Die richtige Fragetechnik ist ein zentrales Instrument im Umgang mit Schuldnern. Wie so viele Dinge, die wir bei unserer Arbeit brauchen, entnehmen wir unsere Fragetechnik unserer bisherigen Lebenserfahrung. Dies ist eine zu einseitige Betrachtung.

Wer fragt ist dumm?
Ob wir fragen oder nicht und wie wir es tun, ist ein individuelles, antrainiertes Verhaltensmuster. Immer wieder schwingt dabei mit, dass derjenige, der fragt, auch mitteilt, dass er etwas nicht weiß – und das könnte peinlich sein. Viele bringen solche einschränkenden Muster aus ihrer Schulzeit mit und kleben daran.

Neugierige Menschen, denen das Fragen und auch das Ausfragen leichtfällt, sind aber bei Schuldnertelefonaten klar im Vorteil.

Offenbart der Schuldner, dass er nicht zahlen kann, führt dies in den meisten Gesprächen zur Konfrontation. Wir versuchen, unseren Gesprächspartner mit Argumenten, gut gemeinten Ratschlägen und, falls notwendig, auch mit direkten Vorwürfen zum Zahlen zu bewegen. Er antwortet mit einer Abwehrhaltung, mit Entschuldigungen, Ausflüchten und Ausreden.

Wenn es nicht mehr anders geht, werden Versprechungen gemacht, die von vornherein keine Chance haben, eingehalten zu werden. Der Ärger und die Eskalation zwischen Schuldner und Gläubiger sind dann vorprogrammiert. Man hat sich in jeder Hinsicht nicht verstanden. Druck aus Verlegenheit führt selten zum Ziel.

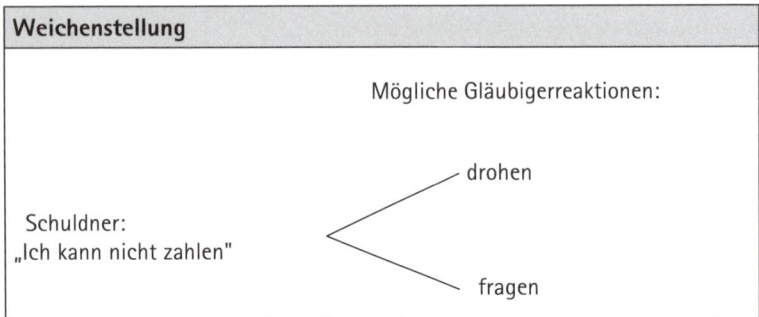

Weichenstellung

Mögliche Gläubigerreaktionen:

Schuldner:
„Ich kann nicht zahlen"

drohen

fragen

Fragen sind eine Alternative zur Antwort mit Druck.

Fragen markieren zuerst einmal Interesse an der Situation des Schuldners. Das wirkt schon für sich sympathisch und fördert eine wohlwollende Atmosphäre. Die Fragen zwingen den Gesprächspartner aber auch zur aktiven Teilnahme auf einem Feld, das uns interessiert. Generell haben Menschen einen natürlichen Antwortreflex in sich.

Schuldner haben zusätzlich ein besonders hohes Mitteilungsbedürfnis. Das, was von ihnen gewünscht wird, nämlich Geld, können oder wollen sie nicht hergeben. Information zu geben soll die Zahlung ersetzen.

Tipp:
Wird geschickt gefragt, reden sich Schuldner um Kopf und Kragen.

Auf die Offenbarung der angeblichen Zahlungsunfähigkeit reagiert der Gläubiger also mit Fragen, die ihm dann die Möglichkeit geben, das vorhandene Schuldnerbild zu verfeinern und zu vervollständigen. Hat er es vervollständigt, kann er entscheiden, wie er weiter vorgehen wird. Die Entscheidung geschieht dann nicht in Unkenntnis, sondern auf Basis einer deutlich verbesserten Informationslage.

Dorthin kommen wir aber nur, wenn wir die selbst auferlegten Grenzen beim Fragen deutlich verschieben. Fällt es uns im privaten Bereich zu Recht schwer, eine junge Dame nach ihrem Alter zu fragen, ist dies bei einem Schuldnertelefonat schon zu einem frühen Zeitpunkt wichtig. Aus dem Alter lassen sich nämlich typische Lebensumstände schließen, die für unser Schuldnerbild wichtig sind.

> **Tipp:**
> Die Bereitschaft des Schuldners, Antworten zu geben, ist oft größer als die Bereitschaft des Gläubigers, Fragen zu stellen.

Ziehen Sie daraus die Konsequenzen und lernen Sie das, was Sie als Kind gerade nicht tun sollten: Menschen ausfragen.

Wie Fragen wirken

Es ist naiv zu glauben, Fragen seien einfach nur harmlos – eben lediglich Fragen. Sie dringen beim Gefragten ein und lösen, ohne eine Kontrolle passieren zu müssen, im Unterbewusstsein einen Suchmechanismus aus. Erst die gefundene Antwort wird dann gefiltert, unterdrückt oder ausgesprochen. Wer den Schuldner etwas fragt, bewegt ihn also, ob er es will oder nicht, in das Feld der möglichen Antworten.

Das Zucken im Auge des Käufers

Auf einem orientalischen Basar gab mir ein wohlmeinender Händler nach einer langen Preisverhandlung einen Tipp. „Schau auf die Seite, wenn Dir ein Verkäufer ein Angebot macht." Auf meine Nachfrage und wohl auch wegen des für ihn guten Geschäftes, erklärte er mir: „Wenn ich einen Preis sage und die Überraschung für den Kunden gut ist, weitet sich für den Bruchteil einer Sekunde seine Pupille. Ist ihm der Preis zu hoch, verengt sich die Pupille für kurze Zeit. Ich weiß so immer, wie ich liege. Aber ihr aus dem Westen glaubt ja, miteinander reden sei vor allem ein elektronisches Problem."

Ich habe viel daraus gelernt und später festgestellt, dass ich auch bei Fragen dasselbe Feedback erhalte und am Telefon ebenso über die Stimme heraushören kann, wo ich liege.

Jede Frage ist also nicht nur ein einseitiges Startsignal für den Schuldner, sondern Kommunikation.

Tipp:
Fragen leiten. Deshalb gilt: Wer fragt, der führt.

Wir stellen also nicht nur Fragen an Schuldner, um das Schuldnerprofil zur vervollständigen. Mit den Fragen führen wir ihn auch in für uns interessante Antwortfelder hinein, mit Fragen kontern und provozieren wir. Fragen dienen dazu, den Schuldner zu öffnen.

Das Inspektor-Columbo-Prinzip

Ideale Übungsfelder für Fragen sind Krimis. Schauen Sie sich einen Krimi unter dem Aspekt des Fragens an. Hören Sie genau hin, mit welcher Strategie der Ermittler vorgeht und welche Fragen er deshalb stellt.

Der Inspektor hat ein Ziel: Er will den Mörder finden. Deshalb erschließt er das Feld der möglichen Motive systematisch durch Fragen. Selbst wenn er im Moment noch keine Antworten bekommt, weil der Täter alles abstreitet, wirken seine Fragen.

Kaum ist der Inspektor zur Türe hinaus, kommt der Täter in eine fieberhafte Hektik. Er versucht z. B., sich ein Alibi für den Mordzeitpunkt zu schaffen. Wenn er sich dadurch verrät, hat der mit Fragen ausgelegte Köder gewirkt.

Mit Fragen können Sie viel mehr tun, als einfach nur fragen. Fragen heißt:

- die Gesprächsatmosphäre beeinflussen,
- die Zügel in der Hand behalten,
- die Richtung vorgeben,
- Ihr Ziel direkt ansteuern,
- ein detailliertes Bild über den Gesprächspartner gewinnen,
- hinter die Kulissen sehen,
- völlig neue Lösungen zutage fördern,
- das Potenzial des anderen nutzen,
- provozieren und
- Angriffe parieren.

Zulässigkeitsgrenzen

Weil Fragen nicht beantwortet werden müssen, sind sie nur dann unzulässig, wenn sie mit einer unzulässigen Unterstellung verbunden werden. Die Grenze dessen, was wir fragen dürfen und was nicht, gibt uns nicht das Strafrecht vor, sondern unser eigenes Gefühl von Anstand. Wir ziehen diese Grenze also selbst und haben Schwierigkeiten, sie bei Schuldnertelefonaten schnell genug auszudehnen.

> **Tipp:**
> Schuldner auszufragen, will geübt werden. So fragt man im Alltag normalerweise nicht.

Mit der Zeit kann man sich daran gewöhnen, Schuldner nach ihren Lebensumständen auszufragen oder Fragen zu stellen, die uns ungehörig erscheinen. Machen Sie einen Versuch. Nehmen Sie sich bestimmte Fragen vor, die Sie beim nächsten Telefonat stellen wollen, die Ihnen aber zu weit zu gehen scheinen. Beobachten Sie, ob der Schuldner darauf so reagiert, wie Sie befürchtet haben oder ob ausgefragt werden für ihn schon selbstverständlich geworden ist.

Beispiel: Fragensperre

Erfährt ein Gläubiger während eines Telefonats, dass der Schuldner Rollstuhlfahrer ist, fällt die Fragensperre. Es fällt schwer, sofort die Gedanken auf die finanziellen Umstände der Behinderung zu richten. Immerhin könnte ein Schmerzensgeldanspruch aus einem Unfall noch nicht ausbezahlt oder eine Rente in Sicht sein, die die finanziellen Verhältnisse gänzlich verändert. Wir fragen danach aber nicht, weil wir eine rücksichtnehmende Scheu empfinden.

Das ist grundsätzlich richtig und anständig. Gleichwohl sind vorsichtig in diese Richtung gestellte Fragen ein Ansatz, den wir verfolgen dürfen, auch wenn das schwerfällt.

Deshalb nachfolgend ein Fragengerüst, das mögliche Bereiche für Fragen an einen privaten Schuldner markiert. Hängt das Fragengerüst als Kopie während eines Telefonats in Ihrem Sichtbereich, kann es Ihnen eine Hilfestellung sein.

Fragengerüst

Arbeitnehmer	Arbeitsloser, Sozialhilfe
▪ Arbeitgeber, Anschrift	▪ Auszuzahlende Stelle
▪ Vollzeit/Teilzeit	▪ Seit wann?
▪ Tätigkeit seit	Steuererstattung zu erwarten?
Vorpfändungen/offengelegte Abtretungen	▪ Höhe der Bezüge?
Wie viele? Welche Gläubiger?	▪ Nebenverdienst?
Forderungshöhen?	▪ Aussichten?
Monatliche Abführung?	
(Weihnachtsgeld, Lohnersatzleistungen)	
Ansprechpartner für Lohnabrechnung	
▪ Nebenverdienste	

Selbstständiger	Rentner
▪ Art der Tätigkeit	▪ Auszuzahlende Stelle
▪ Betriebsstätte, Inventar	▪ Höhe der Bezüge?
▪ Außenstände	▪ Nebenverdienst?
▪ Wiederkehrende Auftraggeber	▪ Kinder?
▪ Abtretungen/Verpfändungen	

Familie	Person
▪ Unterhaltsberechtigte?	▪ Mentalität
▪ Direkte oder indirekte Hilfe, Hilfe Dritter	▪ Erwartungen an die Zukunft
▪ Ehegatte, Tätigkeit, Ausbildung	▪ Empfindliche Punkte
▪ Lebensabschnittspartner, Tätigkeit	

Eidesstattliche Versicherung	Konkurrenzgläubiger
▪ Abgegeben?	▪ Wer?
Wann, wo, für wen?	▪ Wie viel?
▪ Was hat sich seither geändert?	▪ Wann zuletzt betrieben?
▪ wenn Änderung, nochmalige EV, § 903 ZPO?	▪ Gesamtschulden?

Teilzahlungen
- ▪ Sofortzahlung, beharren
- ▪ Anzahlung sofort, Rest in Raten
- ▪ Raten
  unregelmäßige Zeitpunkte tagesgenau festlegen
- ▪ Zinserhöhung vereinbaren
- ▪ Zins-/ Forderungsteilerlass als Anreiz für sofortige Zahlung

Fragetypen

Mit Fragen können Sie sehr konkret werden oder sich allgemein halten. Man kann Fragen nach „Typen" einordnen. Unterscheiden Sie zwischen:

- geschlossenen Fragen
- offenen Fragen
- hypothetischen Fragen

Je besser Sie die verschiedenen Fragetypen kennen, desto souveräner können Sie damit umgehen.

Beispiel: Geschlossene Fragen

Beziehen Sie Kindergeld?
Diese Frage kann nur mit Ja oder Nein beantwortet werden und zielt genau darauf. Man nennt diese Art von Fragen deshalb geschlossene Fragen.

Wird die Frage allgemeiner gestellt, nennen wir sie offene Frage.

Beispiel: Offene Fragen

Was machen Sie beruflich?
Offene Fragen erfordern eine mehr oder weniger ausführliche Antwort. Sie zielen weniger auf einen Punkt, mehr auf einen Bereich.

Die Fragepronomen der meisten offenen Fragen beginnen mit einem „W". Sie werden deshalb „W-Fragen" genannt.

Beispiel: W-Fragepronomen

Wer, wie, was, wann, wozu, warum, weshalb

Was die W-Frage interessant macht, ist die verborgene Vorannahme des Fragenden. In einer W-Frage sind die Vorstellungen des Fragenden und sein angepeilter Zielbereich beim Gefragten vorgegeben. Eine kluge W-Frage ist Kommunikation mit dem Gefragten.

Fragetypen: Unterschiede der geschlossenen und offenen Frage	
Gleichen Sie den Rückstand aus?	▪ Geschlossene Frage ▪ Bereich: Ausgleichen des Rückstandes ▪ Ziel: Abtasten ▪ Der Fragende hat keine Vorannahme, lässt alles offen und tastet den Bereich vorerst einmal ab. Die Frage kann mit Ja oder Nein beantwortet werden.
Wann gleichen Sie den Rückstand aus?	▪ Offene Frage ▪ Bereich: Ausgleichen des Rückstandes ▪ Ziel: Zeitpunkt der Zahlung ▪ Der Fragende setzt das Ausgleichen des Rückstandes als Tatsache voraus, er will nur wissen, wann, zu welchem Zeitpunkt dies erfolgt.
Kann Ihnen jemand helfen?	▪ Geschlossene Frage ▪ Bereich: Hilfe ▪ Ziel: Abtasten des Bereichs ▪ Der Fragesteller setzt nichts voraus, die Antwort kann Ja oder Nein lauten.
Wer kann Ihnen helfen?	▪ Offene Frage ▪ Bereich: Hilfe ▪ Ziel: Erfassen konkreter Hilfeleister ▪ Der Fragesteller setzt voraus, dass Menschen da sind, die helfen. Er will mit der Frage konkrete Vorschläge erhalten.

Sehr hilfreich bei Schuldnertelefonaten sind die **hypothetischen Fragen** und die So-tun-als-ob-Technik.

> **Beispiel: Hypothetische Fragen**
>
> Könnten Ihnen Ihre Eltern helfen, wenn sie wollten?
> Die Frage bewegt sich im spekulativen Bereich. Wir tun so „als ob".

Bei hypothetischen Fragen legt sich der Gläubiger mit seinen Vorstellungen, die hinter der Frage stehen, nicht genau fest. Dem Schuldner fällt es leichter, beim „so tun als ob" in seine Fantasie zu gehen und sich von einer unter Umständen unangenehmen Realität zu entfernen.

Antwortet der Schuldner mit „Können würden sie wohl, tun wollen sie aber nicht", wissen wir eines: Erberwartungen sind nicht unwahrscheinlich. Vielleicht muss man im Beispielfall einen sehr langen Atem haben und sollte die Flinte nicht vorschnell ins Korn werfen.

Fragen entwickeln
Allgemein gilt:

- Keine Fragen hat, wer keine Vorstellungen hat.

- Kaum Fragen an einen Schuldner richtet, wer sich für seine Umstände kaum interessiert.

- Viele Fragen hat, wer ein paar Monate Erfahrung gesammelt hat und sich mit viel Fantasie mit der Schuldnerwelt beschäftigt.

Wem also nach zwei Minuten fragen keine Frage mehr einfällt, der hat nur an der Oberfläche gekratzt und noch nicht wirklich nachgefragt.

„Flachpflügen", das Prinzip bei Meinungsumfragen

Bei einer Meinungsumfrage wird einfach das Fragenblatt abgearbeitet. Jede Frage wird abgehakt. Nachfragen ist uninteressant.

Mit unserem Fragengerüst können Sie so umgehen. Natürlich erhalten Sie auf diese Weise einige Informationen. Sie gehen aber auf den Partner wenig ein und bleiben damit hinter Ihren Möglichkeiten.

Beispiel: „Flachpflügen"

Gläubiger:	Wann zahlen Sie?
Schuldner:	Ich kann nicht.
Gläubiger:	Was haben Sie für ein Einkommen?
Schuldner:	Ich bin arbeitslos geworden.
Gläubiger:	Wie können Sie dann Ihre Schulden begleichen?
Schuldner:	Vielleicht mit Raten?
Gläubiger:	In Ordnung, wie viel können Sie bezahlen?
Schuldner:	20 EUR im Monat.
Gläubiger:	Einverstanden …

Auswertung:

Der Gläubiger hat „anständig" gefragt, aber eben sehr an der Oberfläche. Er ist mit dem Ratenangebot sofort einverstanden. Vielleicht hat ihn die Behauptung der Arbeitslosigkeit einknicken lassen, vielleicht war er aber einfach nur desinteressiert oder unter Zeitdruck.

Nach dem Prinzip des Flachpflügens laufen viele Schuldnertelefonate ab. Vor allem wenn die Sachbearbeiter von der Materie keine Ahnung haben, fallen ihnen keine vertiefenden Fragen ein. Hier lauert die Gefahr beim Outsourcen der telefonischen Inkassomaßnahme.

„Tiefpflügen": das Prinzip der Kommunikation

Hinterfragen Sie die Antworten des Schuldners und vertiefen Sie durch neue Fragen. Machen Sie es wie Columbo: Geben Sie sich mit einer Antwort nicht zufrieden, sondern haken Sie nach. Sie können das sofort oder bewusst erst später tun.

- Sofort nachfragen:

    Für den Schuldner wird sofort erkennbar, wofür Sie sich interessieren. Als Gläubiger merken Sie umgekehrt, ob der Schuldner bereitwillig auf diesem Weg mitgeht oder nicht.

- Zu einem späteren Zeitpunkt nachfragen:

Wenn Sie sich eine Antwort als Stichwort notiert haben, können Sie auch erst später darauf zurückkommen. Dem Schuldner fällt es dann schwerer, Ihre Absichten und die Fragelinien zu erkennen. Diese Art des Fragens lässt ihn vorsichtig werden. Sie erleben diese Art des Fragens häufig in Krimis, solange der Kommissar noch im Dunkeln tappt.

Beispiel 1: „Tiefpflügen"	
Gläubiger:	Wann zahlen Sie?
Schuldner:	Ich kann nicht.
Gläubiger:	(Allgemein gehaltene Frage) Wie ist denn Ihre Situation?
Schuldner:	Ich bin arbeitslos geworden.
Gläubiger:	(Hakt bewusst noch nicht hinsichtlich der Höhe der Unterstützung nach) Das tut mir leid. Was tun Sie denn jetzt?
Schuldner:	Ich suche Arbeit.
Gläubiger:	Haben Sie schon etwas in Aussicht?
Schuldner:	Nein.
Gläubiger:	(Wechselt das Thema) Wie könnten Sie Ihre Schulden begleichen?
Schuldner:	Vielleicht mit Raten?
Gläubiger:	Hmm, wie viel können Sie bezahlen?
Schuldner:	20 EUR im Monat.
Gläubiger:	(Geht vorerst noch nicht auf das Angebot ein): Was haben Sie denn sonst noch für Verpflichtungen?
Schuldner:	Ich muss Unterhalt bezahlen für meine beiden Kinder.
Gläubiger:	(Gezielte Nachfrage) Wie alt sind Ihre Kinder?
Schuldner:	12 und 14.
Gläubiger:	Wovon bezahlen Sie denn den Unterhalt?
Schuldner:	Ich war beim Arbeitsamt.
Gläubiger:	Und wie viel bekommen Sie vom Amt?
Schuldner:	500 EUR.
Gläubiger:	Aha, und leben Sie allein?
Schuldner:	Nein, ich habe eine Lebenspartnerin.
Gläubiger:	Was arbeitet Sie?
Schuldner:	Im Büro.
Gläubiger:	Dann ist ja wenigstens ihr Lebensunterhalt gesichert, nicht wahr?
Schuldner:	Schon, nur ich möchte ja nicht in ihrer Schuld stehen.

Gläubiger:	Deshalb ist es ja für Ihre Partnerin bestimmt schöner, wenn Sie keine Schulden haben.
Schuldner:	Ja, stimmt schon.
Gläubiger:	Wie schnell können wir denn Ihre Schulden aus der Welt schaffen? Mit 20 EUR Raten dauert das ja ziemlich lange.
Schuldner:	Ich könnte ja vielleicht 50 EUR pro Monat abzweigen ...
Gläubiger:	Einverstanden ...

Auswertung:

Der Gläubiger fragt mit Verständnis und Einfühlungsvermögen. Er fragt aber nicht linear. Es hätte nahegelegen, nach der Mitteilung der Arbeitslosigkeit sofort nach der Höhe der Unterstützung zu fragen. Diese Frage wird erst später gestellt. Auch auf das Ratenangebot kommt die vom Schuldner erwartete Stellungnahme nicht sofort. Stattdessen stellt der Gläubiger die Frage nach dem Unterhalt. Die Höhe der Arbeitslosenunterstützung wird nicht kommentiert, sondern das Thema gewechselt und der Bereich „zweites Einkommen einer Lebenspartnerin" abgetastet.

Fazit:

Der Schuldner gab möglicherweise mehr Auskünfte, als er vielleicht selbst wollte. Er ist dem vorgegebenen Gesprächsfaden gefolgt. Vielleicht war er deswegen auch bereit, auf höhere Raten einzugehen.

Wenn wir diese Prinzipien noch verstärken, könnte sich ein Telefonat mit einem anderen Schuldner so anhören:

Beispiel 2: „Tiefpflügen" (sofortiges und verzögertes Nachfragen)

Gläubiger:	Wann zahlen Sie?
Schuldner:	Ich kann im Moment nicht.
Gläubiger:	Wie, im Moment? 1)
Schuldner:	Ich habe mir ein neues Auto gekauft.
Gläubiger:	Haben Sie das Auto bar bezahlt? 2)
Schuldner:	Nein, ich habe einen Leasingvertrag abgeschlossen.
Gläubiger:	Wie viel bezahlen Sie pro Monat?
Schuldner:	260 EUR.

Gläubiger:	Und wie viel verdienen Sie?
Schuldner:	1450 EUR.
Gläubiger:	Wer ist Ihr Arbeitgeber?
Schuldner:	Die Firma Spechthammer in Loosheim.
Gläubiger:	Sie haben Familie?
Schuldner:	Ja.
Gläubiger:	Sind Sie verheiratet?
Schuldner:	Ja.
Gläubiger:	Wie viele Kinder haben Sie?
Schuldner:	Drei.
Gläubiger:	Wie alt sind die Kinder?
Schuldner:	6, 9 und 13.
Gläubiger:	Was arbeitet Ihre Frau?
Schuldner:	Die macht den Haushalt.
Gläubiger:	Haben Sie andere Schulden?
Schuldner:	Nein. 3)
Gläubiger:	Wozu brauchen Sie das Auto? 4)
Schuldner:	Muss ja irgendwie zur Arbeit kommen.
Gläubiger:	Ja, natürlich, das geht aber auch mit einem älteren Modell, nicht wahr? Mit wem haben Sie den Leasingvertrag abgeschlossen? 5)
Schuldner:	Ford Creditbank.
Gläubiger:	Und Ihr Ansprechpartner bei Ford?
Schuldner:	Was wollen Sie mit dem?
Gläubiger:	Wissen Sie, wir wollen auch zu unserem Geld kommen, also suche **ich** nach Wegen, wenn **Sie** mir keine Lösung bieten können. Wie heißt Ihr Chef? 6)
Schuldner:	Spechthammer, aber Sie brauchen sich da nicht zu melden, die brauchen nichts von meinen Problemen zu wissen.
Gläubiger:	Gut, dann lassen Sie uns die Probleme aus der Welt schaffen. Wann zahlen Sie unsere Rechnung? 7)
Schuldner:	Können Sie bis nächsten Monat warten?
Gläubiger:	Unter der Bedingung, dass Sie eine Anzahlung sofort machen und nächsten Monat den Rest unserer Rechnung begleichen.
Schuldner:	Sie vereinbaren eine erste Rate sofort, den Rest tagesgenau für den Folgemonat.

Auswertung:

Zu 1)	Aktives Zuhören heißt mitdenken! Der Schuldner verrät hier, dass die Schwierigkeiten zeitlich begrenzt sind.
Zu 2) – 3)	Lineares Abfragen von Bereichen mit einigen klärenden Nachfragen.
Zu 4)	Späteres Nachfragen: dem Schuldner wird jetzt signalisiert, dass er nicht so einfach davonkommt.
Zu 5)	In der ersten Frage versteckt sich eine Drohung, mit der zweiten Frage verstärkt sich die Drohung, dass das neue Auto an einem seidenen Faden hängt.
Zu 5) - 6)	Eskalation: Der Druck wird durch Nachhaken verstärkt, abgeschlossen mit einer späteren Nachfrage zum Arbeitgeber.
Zu 7)	Druck wegnehmen, Lösungen suchen: Deeskalation

Fazit:

Mit der Strategie des späten Nachfragens wird Druck aufgebaut. Auf Druck reagieren Schuldner gerne mit Angeboten. Diese Art ein Gespräch zu führen, setzt Training voraus und ist deswegen selten. Gerade deswegen ist sie aber besonders erfolgreich.

Es ist wie bei Columbo:

Das Columbo-Prinzip

Inspektor Columbo ist nach einem Verhör bei einem mutmaßlichen Täter bereits zur Türe hinaus. Der Täter wähnt sich endlich in Sicherheit. Columbo öffnet plötzlich die Türe nochmals und stellt die entscheidende Frage: Übrigens, was ich noch fragen wollte ..., mit dem Ziel, den Täter so zu überraschen, dass er gesteht.

Den empfindlichen Punkt erfragen

„Man kann nur dort kitzeln, wo einer kitzelig ist. Bei einem Schuldner diese Stelle zu erfragen, ist das Problem". A. M., Geschäftsführer eines Inkassounternehmens:

„Wer in Emotionen ist, verliert die Vorsicht. Geschickte Fragen wirken deshalb bei aggressiven Schuldnern prompt."

> **Beispiel: Auszug aus einem Gespräch, das der Provokationsspezialist Frank Farrelly mit einem Klienten geführt hat**
>
> Klient: Ich werde Dir Deine verdammten Zähne in die Fresse schlagen!
>
> Farrelly: Ja? Und was denkst Du, werde ich tun, während Du mir meine verdammten Zähne in die Fresse schlägst?
>
> Klient: (zögert) Mir gegen das Schienbein treten.
>
> Farrelly: Du hast es kapiert, Freundchen.

Technik: Auf die Aggression erwartet der Klient eine eben solche Gegenaggression, die ihn auf seinem eigenen Weg ermuntern und unterstützen würde.

Er erhält stattdessen ein fragendes „Ja?", das wie Beinstellen wirkt. Dann fragt Farrelly nach, indem er die Aggression wörtlich wiederholt. Diese wörtliche Wiederholung trifft den Klienten genau am Ausgangspunkt seiner Aggression. Er zögert deshalb, gibt aber dann die Antwort.

Genau diese Antwort spiegelt Farrelly ihm erneut zurück und klopft ihm mit dieser Bezeichnung „Freundchen" auf die Schulter.

Den empfindlichen Punkt findet Farrelly nur durch das Zurückspiegeln in Frageform. Das Beispiel zeigt auch, wie gerade Aggression durch Fragen entwaffnet werden kann. Das ist für die meisten Menschen überraschend, die reflexartig Aggression mit Gegenaggression beantworten.

11.9   Aggressionen und Konfrontation – so lernen Sie, damit umzugehen

Wer angegriffen wird, wehrt sich, so gut er kann. Einer wird gewinnen. Dieses Grundmuster, eine Aggression mit Aggression zu beantworten, steckt vermutlich in unseren Genen und wird heutige Erziehungstendenzen zu Aggressionslosigkeit überdauern.

Die Lust zum Streiten ist jedoch zwischen Gläubigern und Schuldnern sehr unterschiedlich verteilt und die Möglichkeiten dazu auch.

Schuldner leben (meist) in wirtschaftlich beengten Verhältnissen und unter ständigem Druck durch ihre Gläubiger. Das schafft Frust und Aggressionspotenzial. Die Chancen, es sinnvoll loszuwerden, sind gering.

Gläubiger wollen nur das Geld, das ihnen zusteht, mit möglichst geringem Aufwand. Zwar löst das lästige Hinterherlaufen hinter Schuldnern ebenfalls Frustration aus, die sich aber selten in aggressivem Verhalten Luft schaffen muss. Der Gläubiger kann die Angelegenheit jederzeit in staatliche Hände legen, die über Gerichtsverfahren und Zwangsvollstreckung mit Gewalt durchsetzen, was sich auf friedliche Art nicht erledigen ließ.

Wenn Schuldner sich zu Aggression hinreißen lassen, verhalten sie sich selbstschädigend. Sie überwinden diese Schwelle entweder, wenn sie unter momentan außerordentlichem Druck stehen oder weil sie glauben, sie hätten nichts mehr zu verlieren.

Schutz vor Schuldneraggression

Manche Unternehmen haben regelmäßig Besuch von ihren Schuldnern, z. B. Vermietungsunternehmen. Sie schaffen deswegen Schutz durch Zugangssperren und ein Team, das dem Schuldner von vornherein signalisiert, dass er unterliegen würde.

Für die meisten Gläubiger ist die anonyme Aggression am Telefon der häufigste Fall. Solche Schuldneraggression geschieht selten aus kaltem Zorn, der gefährlich werden kann. Meist sind solche Aggressionen wie ein Ventil, das sich mehr zufällig auf den Gläubiger entlädt, der gerade am Telefon ist. Diese Einschätzung hilft, aggressives Verhalten richtig einzuordnen und damit zu relativieren. Sollten ausnahmsweise tatsächlich ernst gemeinte Drohungen ausgesprochen werden, sollte man nicht zögern, die Polizei einzuschalten.

Der Hinweis, dass Sie das Telefonat mitschneiden, dämpft die Aggressionsbereitschaft deutlich, weil Beweise entstehen. Das Mitschneiden, das wir zu Übungszwecken technisch und persönlich vorbereitet haben, wird hier zum Schutz.

Gleichgültig, wie ernst Sie die Aggression eines Schuldners nehmen, behalten Sie es nicht für sich. Rückhalt in einem Team schafft für Sie selbst ein Ventil. Wenn Sie sich austauschen können und sich angewöhnen, dies sofort nach einem solchen Telefonat zu tun, schaffen Sie sich Raum. Weil es jeden treffen kann, entsteht auch ein besonderer Teamgeist, der für die allgemeine Lernsituation förderlich ist. Zugleich wächst die Teamerfahrung im Umgang mit Aggression.

Scheuen Sie sich nicht, ggf. auch Vorgesetzte einzuschalten. Alles für sich zu behalten und in sich hineinzufressen wäre eine Wurzel für Burn-out-Syndrome.

Aggression ist immer dann besonders schlimm, wenn man keine Chance sieht, davonzulaufen. Setzen Sie deshalb kein Telefonat fort, aus dem Sie unbedingt aussteigen möchten. Steigen Sie aus. Das geht mit fairen oder unfairen Mitteln, die Sie beide kennen sollten.

Manchmal ist es richtig, ein Telefonat einfach später fortzusetzen.

Beispiel: Die behauptete Zahlung

Schuldner:	Nein, da haben Sie unrecht. Dieser Betrag ist mit Scheck vom 18.12. bezahlt worden.
Gläubiger:	(Sofort nachfragend) Wann wurde der Scheck bei Ihnen belastet?
Schuldner:	Das war der 23.12.
Gläubiger:	(Durchaus seinen Frust zeigend) Da kann ich nicht weiter. Das muss ich prüfen. Ich rufe Sie in zwei Tagen um die gleiche Zeit wieder an. Einverstanden?

Ein Telefonat auch unfair beenden zu können, ist beruhigend und gibt das gleiche Gefühl wie die Notbremse, die man im Schnellzug anschaut.

Beispiel: Unfairer Ausstieg

Gläubiger:	Ich höre Sie so schlecht. Können Sie mich hören?
Schuldner:	Ich höre Sie gut.
Gläubiger:	Nein, jetzt werden Sie noch schwächer ... Herr Schönbom, sagen Sie etwas, ich glaube, ich höre Sie jetzt gar nicht mehr ...
Gläubiger:	(Zu sich selber redend) Jetzt ist er glaube ich weg. Irgendwas stimmt da nicht. (Legt auf)

Einzelne Aggressionstypen

Nachfolgend lernen Sie verschiedene Aggressionstypen kennen und Wege, damit umzugehen:

- **Beleidigungen**

  Beleidigungen wirken nur, wenn man sie annimmt. Natürlich ist es unangenehm, beleidigt zu werden. Man kann sich aber an die eine oder andere Beleidigung oder Beschimpfung durchaus gewöhnen. Man nimmt Sie dann nicht mehr so ernst.
  Manchmal gelingt es sogar, den Spieß umzudrehen.

Beispiel: Eine Beleidigung zurückspiegeln	
Gläubiger:	Ich habe durchaus gehört, dass Sie mich ... genannt haben. Was meinen Sie, wie ein ... darauf reagiert?
Schuldner:	Anzeigen?
Gläubiger:	Durchaus. Sie können es aber billiger haben. Zahlen Sie jetzt sofort ...

- **Der Wunsch nach dem Chef**

  Manche Schuldner verstecken sich hinter Arroganz. Sie glauben, sie könnten die Verhandlungen abbrechen, wenn wir ihnen nicht entgegenkommen und drohen mit dem „Chef".
  Stellen Sie sicher, dass Ihr Vorgesetzter mit solchen Standardsituationen umgehen kann und zwischen normalen Beschwerden und gezielter Schuldnertaktik zu unterscheiden weiß. Solange Sie Ihren Chef nicht ganz hinter sich wissen, verlieren Sie an Durchsetzungsfähigkeit.

- **Drohungen**

  Wer droht, drückt aus, dass er glaubt, damit dominieren zu können. Untersuchen Sie, wie der Schuldner zu einer solchen Einschätzung gelangen konnte. Hat er mit Nachgiebigkeit schon einmal positive Erfahrungen in Ihrem Unternehmen gemacht?

Besteht vielleicht eine eigene Unsicherheit, die aus mehr oder weniger nebensächlichen Fehlern resultiert und die eigene Position erschüttert? Klären Sie solche Hintergründe auf.

Vielleicht gelingt es Ihnen auch hier, den Spieß umzudrehen.

Beispiel: Nach einer Drohung über die goldene Brücke	
Gläubiger:	Sie meinen, mit mir könnten komische Dinge passieren? Sie meinen, Sie würden dann dahinterstecken?
	Dann schaffen wir doch Beweise! Herr Mucki, ab sofort läuft mein Tonband und zeichnet alles auf!
	Können Sie jetzt noch einmal wiederholen, was Sie eben gesagt haben?
	(Kurze Pause, abwartend) Oder sollen wir jetzt lieber darüber reden, wie Sie die Schuld erledigen können? (Goldene Brücke)

■ **Viel- und Dauerredner**

Gartenzäune grenzen ab. Sie markieren, wo fremdes Territorium endet und eigenes beginnt. Weil es beim Telefonieren kein sichtbares Territorium gibt, wird das gleiche Territorialverhalten auf die Sprechzeit angewandt. Der, der redet, hat das Sagen. Der andere hat zuzuhören. Der Dauerredner reklamiert also anstelle eines großen Territoriums, das ihm allein gehört, ein großes Zeitfenster für sich. Deswegen ist es notwendig, ihn zu unterbrechen und ihm die Illusion zu nehmen.

Unterbrechen gilt im Gläubigerumfeld als unhöflich. Wenn aber ein Schuldner am Telefon dauerredet, können wir das nicht als seine schlechte Angewohnheit hinnehmen, sondern müssen Flagge zeigen. Nur der unterbrochene Vielredner wird ein ordentliches Ratenzahlungsangebot auf den Tisch legen. Hören wir zu lange zu, kommen wir in eine passive Situation, die den Schuldner regelrecht herausfordert.

Begleiten Sie den Vielredner durch mehr oder weniger sinnvolle, ihn vor allem begleitende „Jas". Wir nennen das Begleiten mit einem Ja-Set. Sie markieren so, dass Sie dem Vielredner das Territorium nicht (ganz) überlassen wollen.

Dann unterbrechen Sie ihn, indem Sie seinen Namen nennen. Das ist wie höfliches Anklopfen. Nennen Sie seinen Namen mehrfach hintereinander. Mit etwas lauterer Stimme wirkt das wie wiederholtes und dann auch drängendes Anklopfen.

Hilft auch das nicht, sprechen Sie die Situation an.

Beispiel: Unterbrechend konfrontieren

Schuldner:	(Schon einige Zeit erklärend) ... deswegen ist die Situation ja so bescheiden. Da weiß man dann keinen Ausweg mehr ...
Gläubiger:	Ja ...
Schuldner:	Und denkt sich ...
Gläubiger:	Ja ...
Schuldner:	Das kann so nicht weitergehen, da muss sich etwas ...
Gläubiger:	Ja ...
Schuldner:	(Fühlt sich gestört) Also da muss ich etwas unternehmen.
Gläubiger:	(Parallel) Herr Schönbom ..., Herr Schönbom, deswegen ...
Schuldner:	(Parallel, lauter werdend) Also wissen Sie, leicht ist mir das nicht gefallen und das ...
Gläubiger:	(Unterbrechend) Herr Schönbom, jetzt muss ich Sie unterbrechen und bitte lassen Sie mir jetzt das Wort. Ich versuche ...
Schuldner:	(Aufbrausend) Aber wissen Sie ...
Gläubiger:	(Fällt ins Wort) Ich habe jetzt das Wort und will Ihnen das erklären, Herr Schönbom! (Nachdem er nicht sofort wieder unterbrochen wird, bereits mit ruhigerer Stimme) Ich will eine Lösung. Und dafür besprechen wir jetzt ganz konkret einen Schritt nach dem anderen. ...

- **Schreien**

Man kann aus vielen Gründen schreien und man kann Schreien lernen. Schuldner lernen sehr schnell, eine laute Stimme einzusetzen, wenn sie die Erfahrung machen, dass von Gläubigerseite dann zugehört wird. In vielen Trainings wird als Reaktion auf Schreien das Beruhigen und das verständnisvolle Zuhören geübt. Das mag für Kundendienstmitarbeiter angehen, aber nicht im Inkasso. Wer hier auf Schreien besänftigt oder gar stumm zuhört, überlässt dem anderen das Territorium. Wie unfair das sein kann, zeigte jener Sachbearbeiter, der mehrere Minuten zuhörte und dann in der ersten Pause einfach nur sagte: „O. k., dann sehen wir uns eben bei Gericht wieder", und auflegte.

Unser offensiver Umgang mit Schreien ist in diesem Sinne eine Zusammenarbeit mit dem Schuldner.

Schreien am Telefon wirkt nur so lange, wie man den Telefonhörer dicht am Ohr behält. Nehmen Sie den Hörer vom Ohr und schauen Sie ihn an, während Ihr Gegenüber aus dem lächerlichen kleinen Lautsprecher des Hörers krächzt. Mit diesem vielleicht ungehörigen, aber wirkungsvollen Schritt haben Sie Ihr eigenes durch das Schreien des anderen ausgelöstes Reiz-Reaktionsmuster unterbrochen.

Sobald Ihr Schutz nicht mehr im Vordergrund steht, weil Sie Schreien bereits kennen, können Sie üben, dagegenzuhalten. Lassen Sie Ihre Stimme parallel zum Schuldner lauter werden. Es kommt darauf an, damit nicht zu zögern. Sie dokumentieren damit unverzüglich, dass Sie der anderen Seite das Territorium nicht überlassen. Nach wenigen Sekunden kommt es dann zum Patt. Beide reden, beide sind laut und keiner versteht den anderen mehr. Weil das für beide gleichermaßen unangenehm ist, beruhigt sich die Situation ebenso schnell, wie sie entstanden ist.

Manchen Schuldnern kann man das Schreien auch einmal durchgehen lassen. Oft merkt man, wie sie realisieren, dass jetzt Zahlen und damit Urlaubsverzicht angesagt ist. Dann kann Ihr Verständnis so weit gehen, das emotionale Lautwerden einfach kurz zu ignorieren. Damit sollte man aber erst beginnen, wenn man sicher ist, dass man jederzeit auch wieder gleichziehen kann.

■ **Unterbrechen**

Unterbricht der Schuldner laufend, kann das lästig sein. Versuchen Sie, bereits bei der ersten Unterbrechung herauszufinden, was den Schuldner dazu veranlasst. Manche sind aufgeregt und emotional und können sich einfach nicht zurückhalten. Dann kann man das Unterbrechen durchaus hinnehmen, weil man weiß, dass die Gesprächspartner bereits hinreichend unter Druck sind, was deren Spielraum für Tricks und Provokationen einschränkt.

Haben Sie aber den Eindruck, dass diese Unterbrechungen ein Kampf um das Territorium sind, stellen Sie sie ab. Unterbrechen Sie gleich Ihrerseits wieder und setzen Sie Ihren Satz einfach fort. Dies führt äußerstenfalls zum Parallelsprechen und dem Versuch, sich mit lauter Stimme durchzusetzen. Häufig wird der Schuldner aber einen Rückzieher machen. Sie haben sich damit durchgesetzt. Das ist ein Signal an den Schuldner, nicht weiterhin zu versuchen, mit Ihnen Schlitten zu fahren.

Sie können aber auch die Gesprächsebene wechseln: Sprechen Sie die Situation an.

Beispiel: Den Unterbrecher unterbrechen

Gläubiger:	Nein, eine Ratenzahlung in dieser Höhe, das ist zu wenig, da müssen ...
Schuldner:	(Ins Wort fallend) Aber wenn Sie mir helfen wollen, dann ...
Gläubiger:	(Unterbrechend) Ich muss gar nichts. Sie müssen die volle Schuld ...
Schuldner:	(Unterbrechend) Glauben Sie. Was meinen Sie ...
Gläubiger:	(Unterbrechend) Herr Edelmann, jetzt reicht's. Bitte unterbrechen Sie mich nicht weiter. Jetzt rede ich, und zwar darüber, dass wir fair miteinander umgehen sollten. Dazu gehört, dass Sie mir nicht dauernd ins Wort fallen und auch einmal zuhören. Also ...

■ **Jammern**

Es mag überraschen, wenn wir Jammern als aggressives Schuldnerverhalten einstufen. Das widerspricht dem normalen Bedürfnis, anderen zu helfen, Rücksicht zu zeigen und Trost zu spenden.

Gleichwohl erleben wir dieses Heischen um Verständnis oder das Erzählen schlimmster Situationen als etwas, das unseren eigenen inneren Druck steigen lässt. Wir reagieren ähnlich wie auf eine direkte Aggression, nur gehemmt und durch selbst auferlegte Verbote eingeschränkt. Viele Gläubiger können deshalb mit Schreien besser umgehen als mit Jammern.

Wird Jammern zielgerichtet eingesetzt, spricht man deshalb auch von passiver Aggression, der besonders schwer beizukommen ist. Passive Aggression zielt darauf, beim Gläubiger eine Hemmung zu erzeugen, die dann zu Verzögerungen genutzt oder mit einem Vorschlag zu Miniraten garniert wird.

Zeigen Sie Verständnis und tun Sie das nicht nur pro forma. Fassen Sie nicht nur die beschriebene Situation zusammen, sondern gehen Sie mit einigen Worten konkret auf bestimmte Details ein. Nutzen Sie aber dann die Energie Ihrer eigenen Emotionen und Ihrer Betroffenheit zu einem Vorstoß und sagen Sie dem Schuldner „und trotzdem ...".

Beispiel: Jammern und trotzdem

Schuldner:	Wissen Sie, unser Sohn ist doch so sprachbehindert. Da habe ich immer wieder Sonderausgaben. Und jetzt kam noch mein Mann ins Krankenhaus, und das macht weitere Kosten und dann sind die Überstunden dadurch weggefallen ...
Gläubiger:	(Sanft unterbrechend) Ja, ja, Frau Borte, das ist schlimm. Zuerst die Sorgen mit dem Sohn, dann der Mann im Krankenhaus. **Und trotzdem**, ja gerade deswegen: Wir müssen jetzt konkret eine Lösung suchen, sonst wird alles noch schlimmer. Ich will Ihnen helfen. Gehen wir also die Situation durch: Was verdient Ihr Mann monatlich netto? ...

■ **Schweigen**

Manchmal schweigen Schuldner einfach. Es ist, als hätte es ihnen die Sprache verschlagen. Der schweigende Schuldner liefert eine optimale Projektionsfläche für die Überlegungen des Gläubigers, was los sein könnte. Der Gläubiger offenbart mit seiner Reaktion, wo der Schuldner einhaken könnte.

Beispiel: Einträgliches Schweigen

Gläubiger:	Nein, Raten in dieser Höhe kommen nicht infrage. Wenn Sie nicht mehr anbieten, geht's eben ans Gericht!
Schuldner:	Schweigen
Schuldner:	Schweigen
Gläubiger:	(zögernd) Hallo Herr Waalkes? Habe ich Sie jetzt verschreckt? Nun, wir werden schon eine Lösung finden.
Schuldner:	(sofort nachhakend) Ja, darum bitte ich Sie sehr. Ich konnte eben wirklich damit nicht umgehen. Höhere Raten fallen mir einfach extrem schwer. ... Und ich sehe, Sie haben dafür Verständnis. Also mehr kann ich Ihnen einfach nicht anbieten.

Für den Gläubige richtig wäre es gewesen, das eben Gesagte einfach zu wiederholen.

Beispiel: Schweigen ausfüllen	
Gläubiger:	Nein, Raten in dieser Höhe kommen nicht infrage. Wenn Sie nicht mehr anbieten, geht's eben ans Gericht!
Schuldner:	Schweigen
Gläubiger:	(Langsam und deutlich) So geringe Raten kommen nicht infrage. Bedeutet Ihr Schweigen Zustimmung?
Schuldner:	Schweigen
Gläubiger:	Auch wenn es Ihnen die Sprache verschlagen hat. Was können Sie mir anbieten?

Den Schuldner konfrontieren

Es geht leider nicht ohne Konfrontation. Nur wenige Schuldner entschuldigen
sich sofort am Telefon für ihre Vergesslichkeit und zahlen dann tatsächlich
prompt. Muss erst einmal eine Vielzahl von Gläubigern bedient werden, zwingt
das den Schuldner, eine Auswahl zu treffen und dabei kann er sich nicht von
Sympathiewerten leiten lassen. Nur der Gläubiger wird ernst genommen, der
den Schuldner konfrontiert und ihm vor Augen führt, dass weiterer Verzug
nicht hingenommen wird. Dabei steht jeder Gläubiger in direkter Konkurrenz
zu den anderen Gläubigern.

Wenn wir den Schuldner konfrontieren, tun wir das in guter Absicht. Hinter
uns stehen nämlich alle Zwangsmittel, die die Gerichte bereithalten. Ein
Mahnverfahren ist nicht nur unangenehm, sondern auch teuer und möglicherweise rufschädigend. Nicht wenige, vor allem private Schuldner, laufen in
diese Verfahren hinein, ohne sich über die Konsequenzen bewusst zu sein. In
den letzten Jahren häufen sich die Fälle, dass Schuldner die eidesstattliche Versicherung abgegeben haben, ohne auch nur entfernt daran zu denken, dass
diese Tatsache vielen Gläubigern über Wirtschaftsauskunfteien zugänglich gemacht wurde. Das Erstaunen war dann groß, als gänzlich unerwartet Teilzah-
lungskredite gekündigt wurden.

> **Tipp:**
> Sich selber, dann dem Schuldner klarmachen: Konfrontation im vorgerichtlichen Verfahren erspart die schlimmere Konfrontation im gerichtlichen Verfahren.

Durch Konfrontation und emotionale Ehrlichkeit wird mehr gegenseitiges Vertrauen hergestellt, als durch vorsichtiges Vermeiden und Darum-herumreden.

Die folgenden vier Schritte helfen Ihnen, Ihre Fähigkeit, den Schuldner zu konfrontieren, zu verbessern:

Schritt 1: Den eigenen Standpunkt klären

Machen Sie sich klar, dass Sie das Recht auf Ihrer Seite haben. Räumen Sie jeden Zweifel an der Korrektheit Ihres Standpunktes aus. Mit Zweifeln landen Sie nur auf dem Rang, und nicht auf der Platzierung. Rechnen Sie einmal durch, was der Verzug aller Schuldner Ihr Unternehmen im Jahr an Bankzinsen kostet. Addieren Sie die Kosten für das Mahnwesen dazu. Bedenken Sie, dass diese Kosten von wenigen verursacht werden, aber die dafür notwendigen Preisaufschläge gerade die Kunden belasten, die pünktlich bezahlen. Letztendlich hängt die Konkurrenzfähigkeit der eigenen Produkte auch davon ab, dass alle Elemente, die die Preise unnötig belasten, eliminiert werden.

> **Tipp:**
> Machen Sie sich klar: Verzug kostet Arbeitsplätze.
> Machen Sie dem Schuldner klar: Nicht bei uns.

Manchmal ist es sehr hilfreich, diese Argumente mit einem Partner zu diskutieren. Eine solche Diskussion trainiert auch für die Argumentation mit dem Schuldner.

Schritt 2: Das Gespräch vorbereiten

Je besser Sie sachlich und persönlich auf eine Konfrontation vorbereitet sind, umso besser werden Sie sie bestehen. Deswegen haben wir ein eigenes Kapitel

223

über das Vorbereiten von Mahntelefonaten verfasst, das wir Ihnen nochmals ans Herz legen.

Schritt 3: Mentale Vorbereitung

Wenn Ihnen das Bitten leichter fällt als das Konfrontieren, ist das ein weitverbreiteter und durchaus sympathischer Wesenszug. Erinnern Sie sich aber an Situationen, in denen Sie sich durchsetzen mussten und wo Ihnen das auch gelungen ist. Nutzen Sie dieses Erlebnis als Ressource. Gehen Sie die Situation noch einmal durch und versuchen Sie herauszufinden, was bei Ihnen den Auslöser für aktive Konfrontation gesetzt hat. Vielleicht wird Ihnen dabei auch klar, dass solche Auslöser in Ihrem Leben variabel und damit auch trainierbar sind.

Schritt 4: Coaching hilft

Lassen Sie sich, vor allem wenn Outboundtelefonate für Sie noch neu sind, bei den Telefonaten begleiten. Zu zweit fühlen wir uns stets stärker. Mit einem Coach können Sie das Telefonat vielleicht zuvor durchprobieren, auch um Ihre eigenen Reaktionen besser einschätzen zu lernen. Während des Telefonats beflügelt die innere Begleitung. Nach dem Telefonat wird aus dem Feedback eine sofortige Lernsituation mit guten Vorsätzen für das nächste Telefonat.

Das Drucktreppchen

Selbstverständlich darf ein Gläubiger Druck ausüben und drohen, anders wird er kaum zu seinem Geld kommen. Die Drohung muss aber zulässig sein, schließlich schätzen wir es, in einem Rechtsstaat zu leben.

Unzulässig ist:

- Den Schuldner anzuschwärzen. Schon der kleine Zusatz im Adressenfeld „Schuldner" gehört dazu.
  Zu DDR-Zeiten war es üblich, zahlungssäumige Mieter im Hausflur auszuhängen. Das war sehr effizient, widerspricht aber unserem Rechtsverständnis. Auch der schwarze Mann, der einem Schuldner unauffällig auffällig folgte, wurde von den Gerichten mit Fug und Recht als unzulässige Nötigung eingestuft. Außerdem war er reichlich unwirtschaftlich.
- Jede Art von „Revolverinkasso", wie das Einschalten von Schlägertrupps, auch das Drohen damit etc.

> **Zulässig ist:**
>
> Drohungen sind zulässig, wenn sie auch zulässig ausgeführt werden könnten.
>
> - Liefersperren
> - Drohen mit einer Strafanzeige wegen Betrugs und allen mit unserer Forderungsentstehung zusammenhängenden Delikten, wenn ein Anfangsverdacht vorliegt. Unzulässig wäre die Drohung mit einer Strafanzeige wegen einer Fahrerflucht, die der Gläubiger zufällig beobachtet hat.
> - Drohen mit dem Arbeitgeber Kontakt aufzunehmen. Das ist zulässig, sobald ein Titel vorliegt und damit auch gepfändet werden könnte. Vorher ist die Kontaktaufnahme nur zulässig, wenn eine Lohnabtretung vorliegt.
> - Drohung mit Zwangsvollstreckungsmaßnahmen, sobald ein Titel vorliegt oder unterwegs ist. Dann geht es darum, dem Schuldner klarzumachen, was auf ihn zukäme, wenn er jetzt nicht bezahlt. Viele rechnen nicht damit, dass es tatsächlich zu einer Versteigerung ihrer Eigentumswohnung kommen könnte. Viele wissen nicht, dass die Abgabe der eidesstattlichen Versicherung deswegen in vielen Kreisen als „bürgerlicher Tod" bezeichnet wird, weil danach alle von der Kreditunwürdigkeit erfahren, die es wissen wollen.

In der Praxis findet man selten das richtige Maß an Druck zum richtigen Zeitpunkt. Viele drohen zu wenig und zu spät. Andere drohen von vornherein so intensiv, dass sie damit, oft ungewollt, eine Kooperation des Schuldners verhindern.

Manche Menschen sind auch als Gläubiger zurückhaltend. Sie ahnen zwar, dass sie sich in die Höhle des Löwen begeben haben, bleiben aber sanft, weil ihnen Handlungsalternativen aus Erfahrung gar nicht zur Verfügung stehen. Andere wiederum hauen immer noch auf den Tisch, während längst Zahlungsbereitschaft von der anderen Seite signalisiert wird. Es finden dann keine zähen Verhandlungen statt, stattdessen wird die Spitzhacke gebraucht. Dadurch entsteht bei manchen Schuldnern teurer Widerstand nach dem Motto „so lasse ich mich nicht behandeln".

> **Tipp:**
> Druck mit dem richtigen Maß: Zu wenig ist nichts, zu viel ist schädlich.

Auch während eines Gesprächs mit dem Schuldner gibt es nicht ein richtiges Maß an Druck, sondern den dauernden Wechsel zwischen der offenen Hand und der geballten Faust. Mag sich die Faust zuerst in der Hosentasche ballen. Aus der geballten Faust folgt eine veränderte Stimme, die die Stimmung verändert.

Im nächsten Schritt geht es darum, die Faust vorzuzeigen und sie wieder in die Tasche zu stecken, sobald dies wirkt. Dann kommt wieder die offene und freundliche Hand, aber nur so lange, wie die Verhandlungen im Gläubigersinne laufen. Tun sie es nicht, wird die Faust nicht nur vorgezeigt, sondern es wird mit ihr gedroht. Dieses Bild zu Ende gedacht heißt: Keine Überraschungen, dosierter Einsatz, jederzeit ist ein Verstärken oder ein Zurücknehmen möglich. Begleitet wird die Drohung stets durch das parallele Angebot der freundlichen offenen anderen Hand.

Wir nennen dies das „Drucktreppchen":

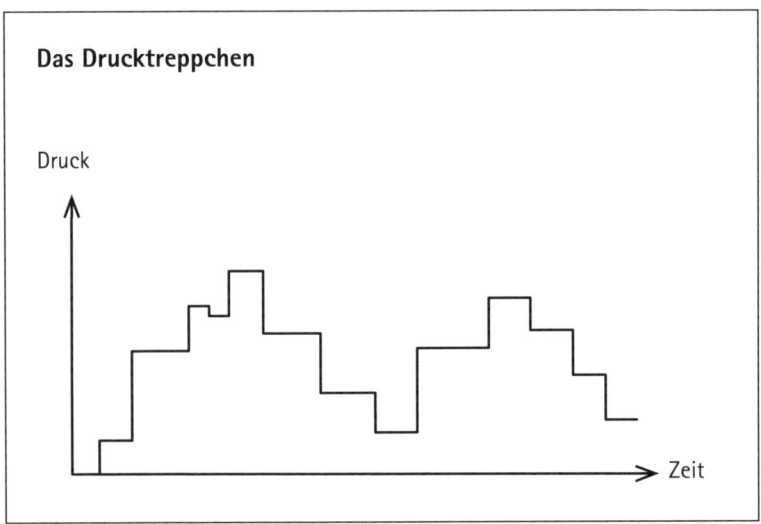

Das Drucktreppchen

Druck

Zeit

Druck so einzusetzen braucht den klaren Rahmen des menschlichen Wohlwollens. Auch bei wirklich schwierigen, sogar kriminellen Schuldnern geht es darum, fair und spielerisch zu bleiben. Nie geht es darum, den anderen als Menschen zu treffen, der in seinem Bemühen, etwas aus seinem Leben zu machen, meinen Respekt verdient.

Vor allem Menschen in einem sehr schwierigen sozialen Umfeld sind wund von Abwertungen und reagieren positiv darauf, wenn man ihr Verhalten missbilligt und die Forderung durchsetzt, sie aber als Menschen mit entgegengesetztem Interesse respektiert.

Unsere Motivation ist nicht Sieg, weil das die Niederlage und damit den verlängerten Widerstand der anderen Seite provoziert. Unser Ziel ist es, auf elegante Weise den Schuldner zum Zahlen zu veranlassen.

Beispiel: Drucktreppchen

Nach einem Originaltelefonat mit dem Geschäftsführer einer Elektronikfirma, gegen den 15 Haftbefehle zur Abgabe der eidesstattlichen Versicherung registriert waren.

		Bewertung
Schuldner:	… „Wie geht es Ihnen?"	Gleiche Augenhöhe, keinerlei Hemmung.
Gläubiger:	„Mir geht es gut, aber ob es Ihnen noch lange gut geht, weiß ich nicht."	Sehr allgemein gehaltene, sofortige Drohung, Lenken des Gesprächs in Richtung Druck.
Schuldner:	„Ist schon gut, wir waren gestern bei Kunden und haben diverse Zahlungen entgegengenommen. Wir könnten mal anfangen, Raten zu bezahlen."	Versuch einer Deeskalation, er glaubt aber, leichtes Spiel zu haben.
Gläubiger:	„Sie **müssen** jetzt Raten bezahlen. Wir nehmen es nicht hin, dass Sie sich aussuchen, wen Sie gerade bedienen möchten. Wir setzen unsere Forderung jetzt durch."	Das Ratenangebot wird grundsätzlich aufgenommen, aber als Forderung, als ein Muss formuliert. Leichte Druckerhöhung.
Schuldner:	„Können Sie versuchen. Machen andere ja auch, das ist erst einmal noch kein Schaden."	Druckabwehr, nach dem Motto: Ist mir egal. Der Schuldner zeigt selbst, dass mehr Druck notwendig ist.
Gläubiger:	„Ich weiß, dass Sie 15 Haftbefehle gegen sich laufen haben. Die ersten liefen bereits, als Sie bei uns bestellt haben. Das ist nicht nur unfair, das ist Betrug."	Druckerhöhung durch Hinweis auf die Strafbarkeit.

Schuldner:	„Jeder muss in der freien Wirtschaft überleben ..."	Das wird mit Gleichmut hingenommen, also mehr Druck notwendig.
Gläubiger:	„Aber nur mit zulässigen Mitteln. Ich habe die Strafanzeige vorbereitet und schicke sie Ihnen jetzt zu. Wenn wir in drei Tagen noch keine Anzahlung vorliegen haben, geht die Anzeige auch an Ihre Staatsanwaltschaft in Berlin."	Konkretisierung des Drucks mit der Ankündigung konkreter Schritte. Der Gläubiger zeigt, dass er genaue Vorstellungen für die weitere Eskalation über die Staatsanwaltschaft besitzt.
Schuldner:	„Na na, das muss ja wohl nicht sein."	Schuldner scheint einzulenken.
Gläubiger:	„Stimmt, das bringt uns beide nicht weiter. Was uns weiterbringen wird, ist Ihre sofortige Anzahlung."	Keine weitere Druckerhöhung, Einlenken auch vonseiten des Gläubigers, der sich von einer freundlicheren Seite zeigt, aber sofort eine konkrete Forderung damit verbindet.
Schuldner:	„Sofort geht nicht, aber demnächst."	Versuch, es auf die lange Bank zu schieben. Hier ist eine kritische Weichenstellung. Derjenige, der sich auf „demnächst" einlässt, geht auf die weiche Schiene. Deswegen:
Gläubiger:	„Dann kommt neben der Strafanzeige auch der Insolvenzantrag, und zwar sofort, nicht demnächst. Wir lassen uns nicht weiter vertrösten."	Deutliche Intensivierung des Drucks auf der objektiven Ebene, auf der jetzt der Insolvenzantrag dazukommt und auf der subjektiven Ebene. Das Vertrösten wird angesprochen und zurückgewiesen.
Schuldner:	„Sofort geht, aber nicht viel."	Erneutes Einlenken.
Gläubiger:	„Wie viel geht?"	Beginn der Verhandlungen.
Schuldner:	„1.000 EUR."	
Gläubiger:	„2.000 EUR."	Ablehnen des Angebotes, Pokern um mehr.
Schuldner:	„Mein Gott nein, aber sagen wir 1.500 EUR."	Nachgeben des Schuldners, der hörbar unter Druck steht.
Gläubiger:	„O. k., dann die nächste Zahlung eine Woche später ..."	Fortsetzen der Verhandlung mit einer unerwartet kurzen Frist zur nächsten Rate.

Schlagfertigkeit trifft

Den meisten Menschen geht es so: Die besten Antworten fallen einem im Nachhinein ein. Damit ist aber auch gesagt, dass sie uns einfallen und wir sie nur deswegen schuldig blieben, weil wir zu lange danach gesucht haben. Schlagfertigkeit ist Schnelligkeit der Reaktion. Damit ist auch klar, dass Schlagfertigkeit nicht angeboren, sondern erlern- und trainierbar ist. Fangen Sie einfach damit an, indem Sie Ihre Bremsen lösen. Schlagfertig wird, wer frech wird.

Vielleicht sind wir in der konkreten Situation einfach zu ernst und finden mit zeitlicher Distanz erst zu unserer Frechheit zurück. Dann wäre der Weg abzukürzen: Es ginge darum, unsere Fähigkeit, locker und frech zu sein, auch in die ernsten Situationen hineinzunehmen. Schlagfertigkeit ist also zuallererst einmal eine Frage unserer Einstellung. Vielleicht erinnern Sie sich jetzt daran, dass Sie das eine oder andere Mal durchaus schlagfertig waren. Wenn Sie das aus heutiger Sicht bejahen können, geht es nur darum, dass Sie in bestimmten Situationen die Bremse anziehen. Umgekehrt: Vergessen Sie künftig, die Bremse anzuziehen. Dann finden Sie heute bereits zu Ihrer Schlagfertigkeit zurück.

Schlagfertigkeit folgt, wie Witze erzählen, bestimmten Mustern, die man, ohne viel nachzudenken, ausprobieren muss, um sie zu verstehen.

Beispiel: Fokusverschiebung

Die nebensächliche Theorie:
Wenn ein Satz mehrere Aussagen umfasst, stellt der Zusammenhang klar, worauf es ankommt. Wenn Sie sich auf das konzentrieren, worauf es nicht ankommt und dort anknüpfen, also den Fokus verschieben, schaffen Sie eine Überraschung, die schlagfertig wirkt.

Die entscheidende Praxis:

Schuldner: (Autoritätsperson, Geschäftsführer)	„Wie können Sie es wagen, mich wegen einer solchen Kleinigkeit anzurufen?"
Gläubiger: Mutig und selbstsicher!	„Und ... weil Ihre Frau Buchmacher aus der Kreditorenabteilung mir schon zweimal Zahlungsversprechen gemacht hat, die sie nicht einhalten durfte."

Einige Strategien mit Beispielen, die Sie anregen sollen:

Strategien für Schlagfertigkeit	
Strategie	**Beispiel**
Nonsens-Antwort	„Was meinen Sie eigentlich, wer Sie sind?" *„Ich bin der Terminator."* Nonsens-Antworten können Sie immer anwenden, wenn Ihnen nichts einfällt.
Einen anderen Rahmen setzen	„Ich brauche mich nicht mit Ihnen zu unterhalten." *„Unterhalten würde ich mich auch lieber mit Thomas Gottschalk."* Das doppeldeutige Wort „unterhalten" wird bewusst falsch verstanden.
Ins Gegenteil übertreiben	„Jetzt lassen Sie mich endlich einmal ausreden!" *„Schalten wir eine Schweigeminute ein."*
Einen frechen Vergleich machen	„Meine Finanzen sind in einem jämmerlichen Zustand." *„Meine Stimmung auch!"*
Übertreibungen ■ Übertriebenes Verständnis	„Sie sind schuld, wenn meine Kinder Hunger leiden." *„Oh Gott, verhungerte Kinder? Da sollten Sie wirklich etwas unternehmen und wenigstens die hohen Zinsen sparen."*
■ Übertriebener Respekt	„Sie haben doch keine Ahnung, wie so etwas ist." *„Ich gebe mir allergrößte Mühe."*
Die Definitionsfrage stellen	„Ich habe die eidesstattliche Versicherung abgegeben. Lassen Sie mich in Ruhe." *„Was verstehen Sie unter Ruhe nach der eidesstattlichen Versicherung?"* Mit der Definitionsfrage bringen Sie den Angreifer aus dem Konzept. Er muss sich erklären und mit dem eben schnell Dahergesagten auseinandersetzen. Definitionsfragen verschaffen eine Nachdenkpause.

Strategien für Schlagfertigkeit	
Strategie	**Beispiel**
Überraschende Einwürfe	„So etwas hätte ich von Ihrer Firma nicht erwartet." *„Und wann zahlen Sie dieser Firma?"*
	Kommen Sie überraschend auf Ihr Kernanliegen zurück. Binden Sie dabei die vorgehende Schuldneraussage einfach ein, sodass sich eine Nonsens-Kombination ergibt.
	„Lassen Sie mich in Ruhe." *„Wenn Sie heute zahlen! Dann lass' ich Sie in Ruhe. Ist doch klar."*
Absichtliches Missverstehen	„So brauchen Sie mir nicht zu kommen." *„Das habe ich nicht verstanden."*
	„Sie sind ein Mistkerl." *„Wie meinen Sie das genau?"*
	„Ihre Forderung bringt mich ins Grab." *„Können Sie das wiederholen?"*

Ein Trostpflaster: Wenn einmal alles daneben ging ...

Gefährliche Erlebnisse verarbeitet unser Gehirn sofort zu Lernerfahrungen. Mit diesem Schnellverfahren schützt es uns vor unliebsamen Wiederholungen. An einer heißen Herdplatte verbrennen wir uns deshalb die Hand in der Regel nur einmal, dann haben wir es gelernt. Dieser Art zu lernen fehlen aber Kreativität und spielerische Elemente.

So lernen wir bei einem Stresstelefonat. Es ist tröstlich, dass wir auf diese Weise zwar nicht angenehm, aber besonders schnell und nachhaltig lernen.

Unterstützen Sie dieses Lernen durch sofortigen Stressabbau. Lernen Sie zu erkennen, dass Sie in bestimmten Situationen in Stress geraten und das Gefühl haben, etwas abbekommen zu haben. Installieren Sie ein Programm, wie Sie in solchen Fällen beim Stressabbau vorgehen.

Tipp:
Nach jedem Misserfolg: Stress abbauen!

Stress ist eigentlich Selbstschutz. Der Körper wird durch eine sehr schnelle Hormonausschüttung in Alarm- und Aktionsbereitschaft versetzt. Wird die körperliche Aktion dann aber nicht abgerufen, werden die Hormone zur Last.

Wir sitzen ohnehin zu viel und bewegen uns zu wenig. Bewegen wir uns aber nach einem solchen Stressereignis nicht, belasten wir den Körper.

Tipp:
Stressabbau: Aufstehen und bewegen. Das klingt einfach, weil es unserer Gewohnheit zuwiderläuft, bewegen wir uns aber gleichwohl nicht.
Bewegung schafft erstaunliche Veränderungen.

Sie stoppen die weitere Ausschüttung der Stresshormone erst, wenn Sie auch geistig aus der Situation ausgestiegen sind. Am schnellsten funktioniert das durch Reden mit einem Kollegen. Dessen Verständnis und kurze Begleitung schafft Luft.

Schaffen Sie im privaten Bereich ein weiteres Netz um sich herum, das Ihnen das Reden über belastende Erlebnisse ermöglicht. Tun Sie es auch, wenn Sie dafür jetzt noch keine Möglichkeit sehen. In einer wirklich belastenden Situation muss das Netz bereits aufgebaut sein, um genutzt werden zu können.

Tipp:
Erst nach dem Stressabbau beginnt die Lernphase.

Analysieren Sie Ihre Stresssituation:

Können Sie den Stressauslöser erkennen? Kennen Sie ähnliche Situationen, in denen Sie schon ebenso reagiert haben. Hat möglicherweise Ihre Reaktion die Situation verschlimmert?

Was nehmen Sie sich für die nächste vergleichbare Situation vor? Wie und was werden Sie vorher für eine solche Situation üben?

11.10 Teilzahlungen

Nach jedem schriftlichen Mahnlauf klingelt in den Tagen danach das Telefon besonders häufig. Schuldner bitten um Zahlungsaufschub und erklären, sie könnten allenfalls in Raten bezahlen. Auch bei Outboundtelefonaten geht es sehr schnell darum, ob in Teilbeträgen bezahlt werden darf und wie hoch die Ratenhöhe denn sein muss.

Interessenlage
Für den Gläubiger sind Ratenzahlungsvereinbarungen mit zusätzlichem Arbeitsaufwand verbunden. Jede Rate führt zu einem weiteren Buchungsvorgang. Die Rateneingänge sind terminlich zu überwachen und zusätzliche Zinsen abzurechnen. Häufig werden Ratenzahlungsvereinbarungen von vornherein nicht eingehalten oder es kommt zu Zahlungsunterbrechungen mit zusätzlichem Mahnaufwand. Da regelmäßig die Bonität dieser Schuldner gering ist und sie das auch selbst offenbaren, wissen Gläubiger um das erhebliche Risiko, mit Teilen der Forderung in ein Insolvenzverfahren hineingezogen zu werden und dann auszufallen. Der Wunsch nach Teilzahlungen ist also ein Alarmsignal von besonderem Gewicht. Die Warnampel springt nicht nur auf Gelb, sondern auf Rot.

Es ist selten, dass Schuldner aus freien Stücken auf den Gläubiger zugehen und Teilzahlungswünsche äußern. Erst wenn es kritisch wird und der Gläubiger mit ernsthaften Konsequenzen droht, offenbart der Schuldner seine Probleme. Bis dahin wartet er besser ab und verschweigt seine Liquiditätsengpässe. Die meisten Schuldnertelefonate laufen auf, sobald „die letzte Mahnung" verschickt worden ist. Schuldner wollen also mit Teilzahlungswünschen schärferen Maßnahmen zuvorkommen. Teilzahlungen sind wie das kleinere Übel, das aus Schuldnersicht nicht mehr zu umgehen ist.

Tipp:
Teilzahlungsangebote sind meist der Versuch, dem Gläubiger die Butter vom Brot zu nehmen.

Wenn der Schuldner sich aber endlich, oft nach längerer Zeit und mehreren Mahnungen von sich aus meldet, glauben an einen guten Anfang nur unerfahrene Gläubiger.

Teilzahlungsverhandlungen führen

Es gibt keine objektiven Kriterien, um die für beide Seiten richtige Höhe von Raten zu bestimmen. Der Gläubiger will die Sache mit allenfalls wenigen Raten erledigt wissen, der Schuldner die Tilgung auf eine möglichst lange Bank schieben.

Was der Schuldner wirklich leisten kann, kann der Gläubiger nur durch hartes Verhandeln herausfinden.

Tipp:
Nur wer zäh verhandelt, erreicht optimale Ratenhöhen.

Prüfen Sie auf einen Teilzahlungswunsch hin zuerst Ihre eigene Sicherheitenlage.

- Ist der Schuldner auf weitere Lieferungen angewiesen und deswegen gezwungen, Sie bevorzugt zu behandeln?
- Stehen Ihnen Sicherheiten wie Eigentumsvorbehalte zur Seite, die Sie als Druckmittel einsetzen können?
- Gibt es sonstige Druckmittel, mit deren Hilfe Sie den Schuldner zum sofortigen Zahlen bewegen können?

Erst wenn Sie feststellen müssen, dass keine kurzfristig wirksamen Druckmittel zur Verfügung stehen, werden Sie sich auf Teilzahlungen einlassen.

Wer alle Schuldnerwünsche und Angebote ablehnt, wird an der Schuldnerreaktion auf sein Nein spüren, wie notwendig für den Schuldner die ratenweise Tilgung ist, weil es nicht mehr anders geht. Nur mit diesem Nein lässt sich heraushören, ob dem Schuldner das Wasser wirklich bis zum Hals steht oder ob er nur Freiraum für seine Urlaubspläne haben will.

Schritt 1: Teilzahlungen als Zumutung ablehnen

Lehnen Sie Ratenzahlungswünsche zuerst einmal ab. Der Schuldner darf durchaus spüren, dass Sie schon seinen Wunsch für eine Zumutung halten. Weisen Sie darauf hin, dass:

- seit der Leistung bereits viel Zeit ins Land gegangen ist,
- Sie bereits mehrfach auf den Schuldner zugegangen sind, ohne dass er sich gemeldet hätte,
- Sie durchaus vermuten, dass es nur darum geht, die Zahlungen noch weiter hinauszuschieben,
- Sie mit Teilzahlungswünschen in der Vergangenheit allgemein schlechte Erfahrungen gemacht haben,
- Sie Materiallöhne o. Ä. längst bezahlen mussten und jetzt die offene Forderung deswegen Ihr Darlehenskonto belastet.

Argumentieren Sie offensiv gegen den Teilzahlungswunsch! Stellen Sie dem Teilzahlungswunsch Ihren Wunsch nach unverzüglicher Zahlung entgegen. Nur dann kann der Schuldner zeigen, wie wichtig es ihm wirklich mit seinem Teilzahlungswunsch ist. Je deutlicher Ihre Ablehnung ausfällt, umso höher werden später die Angebote des Schuldners zur Ratenhöhe ausfallen. Ihre zähe Ablehnung gibt also dem nachfolgenden Ratengespräch die Richtung vor. Der Schuldner nimmt dies als erstes Signal, dass es für ihn jetzt wirklich eng wird und er sich bewegen muss.

Umgekehrt: Geben Sie sofort nach, senken Sie damit das Angebot zur Ratenhöhe des Schuldners. Der Schuldner nimmt das sofortige Mitspielen als Signal, dass die Zahlung noch nicht so wichtig ist.

Schritt 2: Zuerst Strafzinsen, dann die Ratenhöhe vereinbaren

Signalisieren Sie dem Schuldner langsam und hinhaltend, dass Sie sich möglicherweise doch auf eine Ratenzahlung einlassen, weil es nicht anders geht. Überzeugen Sie sich aber davon, dass es für Sie als Gläubiger tatsächlich gefährlicher wäre, auf der sofortigen Bezahlung der gesamten Forderungshöhe zu bestehen, als die Ratenzahlungsvereinbarung zu akzeptieren. Geben Sie nicht einfach nach, nur weil Sie dem Kunden eine Bitte nicht abschlagen wollen.

Sobald der Kunde Ratenhöhen anbietet, **lehnen Sie erneut ab**. Argumentieren Sie damit, dass

- diese Ratenhöhe die Sache unangemessen in die Länge zieht,
- Teilzahlungen über einen solch langen Zeitraum unüblich und von der eigenen Firma regelmäßig nicht akzeptiert werden,
- die lange Zeit auch erheblich Zinsen verursachen wird,
- Sie lieber mit dem Kapital arbeiten, statt Zinsen verlangen zu wollen.

Stellen Sie der Ratenhöhe eine maximal hohe Zinsforderung entgegen. Sie senken damit nicht nur Ihren eigenen Schaden, sondern schaffen auch einen Anreiz für höhere Raten. Voraussetzung ist aber, dass Sie mit dem Schuldner eine Zinshöhe vereinbaren, die über dessen Kosten bei seiner Bank liegen.

Denken Sie daran, dass neben den hohen Girozinsen für den Schuldner regelmäßig zusätzlich Überziehungsprovisionen als Strafzins dazu kommen. Es geht nicht darum, dass Sie selbst solch hohe Zinsen bezahlen. Wenn der Schuldner Teilzahlungen erbringen darf, sind hohe Verzinsungen üblich. Handeln Sie an dieser Stelle wie ein Banker: Die schlechtesten Bonitäten erfordern die höchsten Zinsen, um risikogerecht zu sein.

Sprechen Sie durchaus offen an, dass möglicherweise Teilzahlungen bei einem anderen Gläubiger für den Schuldner sinnvoller und billiger sind als bei Ihnen, weil Sie Teilzahlungen ja gar nicht wollen.

Da den Schuldner hohe Zinsen während des Liquiditätsengpasses zusätzlich einengen, wird er an dieser Stelle ebenfalls zäh verhandeln. Nutzen Sie Ihren Spielraum, um die Ratenhöhe nach oben zu setzen. Möglicherweise können Sie dem Schuldner entgegenkommen, indem Sie zwar einen hohen Zinssatz vereinbaren, ihm aber einen teilweisen Zinserlass zusagen, wenn er die Ratenzahlungsvereinbarung pünktlich durchhält. Sie senken so die Wahrscheinlichkeit, dass der Schuldner während der laufenden Ratenzahlungsvereinbarung von einem Konkurrenzgläubiger überzeugt wird, billiger bei ihm zu bezahlen.

Schritt 3: Zusatzforderungen

Ist die Ratenzahlungshöhe ausgehandelt, glauben viele Schuldner, damit sei alles klar. Nur wenn Sie jetzt **weitere Forderungen stellen**, machen Sie die Nagelprobe. Erneut können Sie nur an der Schuldnerreaktion merken, ob Sie bei den bisherigen Verhandlungen konsequent genug waren.

Es ist keineswegs selbstverständlich, dass Raten im Monatsabstand erbracht werden. Ihre Forderung, im Zwei-Wochen-Abstand zu bezahlen, wird möglicherweise zu weiteren, kleineren Zwischenraten führen.

Denken Sie auch daran, dass Sondersituationen wie Weihnachtsgeld oder saisonale Situationen zusätzliche oder bestimmte höhere Raten erbringen könnten.

Legen Sie Wert darauf, dass eine erste Rate **sofort** bezahlt wird. Selbst wenn der Schuldner behauptet, zurzeit „nichts" bezahlen zu können, gewöhnen Sie ihn von vornherein an notfalls kleinste Raten. Am besten beginnen Sie aber wieder mit der maximalen Forderung, dass bei den jetzt schon besprochenen Raten eine erste größere Anzahlung zu erbringen sei.

Schritt 4: Präzis fixieren

Nachdem das Ergebnis nun, über mehrere Schritte ausgehandelt, feststeht, muss es zusammengefasst werden. Fassen Sie nicht ungefähr, sondern präzise, tagesgenau zusammen. Nennen Sie noch einmal die genauen Daten und die jeweiligen Ratenhöhen. Fordern Sie, dass zu diesen Daten das Geld bei Ihnen eingetroffen ist, nicht erst weggeschickt wird.

Kündigen Sie an, dass, sobald eine Rate länger als fünf Tage in Verzug gerät, die gesamte Restforderung fällig wird. Kündigen Sie weiter an, dass Sie dann das gerichtliche Mahnverfahren betreiben werden. Ohne diese Vereinbarung können Sie nur die in Verzug geratene Rate, mit dieser Vereinbarung aber den gesamten Rückstand verfolgen.

Stellen Sie fest, dass dies nun verbindlich vereinbart ist, und kündigen Sie an, dass Sie das Ergebnis noch einmal schriftlich bestätigen werden.

Schriftlich bestätigen

Eine telefonisch ausgehandelte Ratenzahlungsvereinbarung sollte immer schriftlich bestätigt werden. Mehrere Argumente sprechen für diesen zusätzlichen Aufwand:

- Wir schaffen auch für uns selbst einen schriftlichen Vorgang, der nicht nur eine Telefonmitschrift ist, sondern unsere Sicht der Dinge wiedergibt.
- Schriftlichkeit wird mit Verbindlichkeit gleichgesetzt.
- Eine schriftliche Bestätigung nach einigen Tagen löst einen Erinnerungseffekt aus.
- In der Buchhaltung löst ein Schreiben einen normierten Prüfungsgang aus.
- Wir schaffen ein gerichtlich verwertbares Beweisstück.

Muster einer Teilzahlungsvereinbarung

Dentallabor Roberta Gerber, Kellenberg 1, 00700 Unterfelden

Herrn   25.07.20XX
Dr. med. dent. Karl Krone
00700 Unterfelden

Patientin Maria Bach
Unsere Rechnung vom 01.06.20XX

Sehr geehrter Herr Dr. Krone,

wir haben am 25.07.20XX telefoniert und eine Teilzahlung vereinbart, die ich bestätigen möchte:

(1) Dr. Krone anerkennt, gem. Rechnung vom 01.06.20XX einen Betrag von 2.430,25 EUR zu schulden.

(2) Hinzu kommen ab 01.07.20XX 10 % Zinsen.

(3) Auf die Schuld werden 4 monatliche Raten zu 607,56 EUR ab dem 01.08.20XX bezahlt.

(4) Werden alle 4 Raten pünktlich bezahlt, wird der Zinssatz auf 5 % reduziert. Die Schlusszahlung am 1.12.20XX beträgt dann statt 51,92 EUR nur noch 25,66 EUR.

(5) Die Raten sind so einzubezahlen, dass sie zum jeweils Monatsersten beim Gläubiger eingehen. Sollte eine Rate länger als 5 Werktage in Verzug geraten, wird die gesamte restliche Forderung sofort fällig.

Wir bitten um eine Zugangsbestätigung dieses Schreibens und haben dafür ein weiteres Exemplar beigelegt. Bitte senden Sie es uns gegengezeichnet in den nächsten drei Tagen zurück.

Mit freundlichen Grüßen

Roberta Gerber

Dentallabor Roberta Gerber

Das Muster enthält einen nur knapp und sehr juristisch formulierten Text. Gerade die juristische Formulierung unterstreicht die besondere Ernsthaftigkeit. Es liegt nahe, daraus auch zu folgern, dass die nächsten Schritte juristische Schritte sein werden, wenn die Teilzahlungsvereinbarung platzt.

Überwachen Sie den Eingang der Raten tagesgenau. Wird die erste Rate am 01.08. nicht gutgeschrieben, kann dies am 02.08. festgestellt werden. Versuchen Sie mit einem Telefonat noch am gleichen Tag, die Ratenzahlungsvereinbarung zu retten. Nur Ihr sofortiges Telefonat zeigt dem Schuldner, dass Sie hinter die getroffene Vereinbarung nicht zurückweichen.

Technische Ausstattung des Arbeitsplatzes

Teilzahlungsverhandlungen am Telefon setzen voraus, dass Sie parallel per EDV einen Teilzahlungsplan erstellen können.

Rechnungshöhe und Beginn des Verzugs stehen fest. Die Daten sind in der EDV gespeichert. Die Zinshöhe und die Höhe der Raten sowie die Zahlungszeitpunkte sind variabel. Sie werden während des laufenden Telefongesprächs ausgehandelt und parallel eingegeben.

Mit seiner Teilzahlungssoftware errechnet der Computer sofort die Raten. Er verrechnet dabei, wie vom Gesetz vorgeschlagen, Teilzahlungen zuerst auf die aufgelaufenen Zinsen, erst dann auf die verzinsliche Forderung. Dadurch ergeben sich Zinsvorteile.

Um die Teilzahlungsvereinbarung des Beispiels aushandeln zu können, weist das Inkassoprogramm sowohl die Hauptforderung, den vereinbarten, jeweils abgezogenen Ratenbetrag und die monatlich anfallenden Zinsen genau aus und berechnet für jeden Monat den noch geschuldeten Betrag inkl. Zinsen.

Regelmäßig enthalten diese Programme auch Formbriefe, in die die errechneten Daten übernommen werden können. Das Bestätigungsschreiben kann deshalb direkt nach dem Telefonat ausgedruckt und zur Post gebracht werden.

Wird parallel ein Wiedervorlageprogramm aktiviert, kommen fehlende Raten unverzüglich als Mahnliste auf den Tisch und können zeitnah abgearbeitet werden.

Ohne eine solche technische Ausstattung wird bei der Berechnung der Ratenhöhe häufig nur die Hauptforderung zugrunde gelegt, weil sich das während des Telefonats mit dem Taschenrechner kalkulieren lässt. Auf Mahngebühren und Zinsen wird dann verzichtet. Abgesehen von der wirtschaftlichen Einbuße setzt der Gläubiger ein falsches Signal. Der Schuldner wird dazu animiert, auch künftig Teilzahlungen nachzufragen. Stehen wir in Konkurrenz zu anderen Gläubigern, hat eine Teilzahlungsvereinbarung ohne Zinsdruck eine geringere Realisierungschance als die unserer Konkurrenten, die den Zinsdruck als Hebel benutzen.

11.11 Telefonvollstreckung

Juristen stolpern über diesen Begriff. Sie kennen die vom Gerichtsvollzieher und den Vollstreckungsgerichten betriebene Zwangsvollstreckung. Die Zwangsvollstreckung ist der zweite Akt nach dem Urteil. Sobald feststeht, wer wem was schuldet, wird nach dem Ende der Diskussion nötigenfalls mit Zwang vollzogen also durchgesetzt.

Dem Kaufmann ist dieser gerichtliche Bereich unangenehm. Zum Gericht zu gehen ist mehr ein Ausdruck von Verzweiflung als von Hoffnung. Weiß man doch, dass manches Urteil überraschend anders ausfällt als erwartet und dass dieser ganze gerichtliche Bereich langwierig, eher undurchsichtig und teuer ist.

Da es aber allen Beteiligten so geht, wird vor diesem Schritt, der die Verantwortung in fremde Hände legt, oft noch einmal ein letzter Kontakt gesucht. Ein solches Gespräch an der Grenzlinie steht unter dem selbst gesetzten Druck, nicht mehr zurück zu können. Der Gläubiger signalisiert, dass er jetzt entweder befriedigende Fortschritte erzielt oder der Schritt zum Gericht für ihn unvermeidlich wird. Das ist der Moment der Telefonvollstreckung.

Alle Fragen, die diskutiert werden mussten, sind ausdiskutiert. Der Gläubiger lässt an seiner Forderung nicht mehr rütteln. Entweder es erfolgt jetzt zumindest eine Teilzahlung oder der Schritt in die gerichtliche Eskalation wird getan.

Das ist in einem weiteren Sinne auch Vollstreckung einer fest stehenden Forderung. Statt mit Zwang wird mit dem Telefon gearbeitet, und zwar mit einem solchen Nachdruck, dass die Bezeichnung Vollstreckung durchaus passt. Ein solches Telefonat ist der letzte und nachdrücklichste Schritt im kaufmännischen Mahnwesen.

Technik

Telefonvollstreckung fängt beim Gläubiger an. Meist geht der Überzeugung, dass es jetzt reicht, dass jetzt die Grenze erreicht ist, eine Frustrationsperiode voraus.

Auslöser sind:

- Kooperationsverweigerung des Schuldners,
- überlange Zeitdauer des Taktierens,
- überschreiten sozialer Grenzen wie Lügen, wiederholte Unzuverlässigkeit z. B. nach Ratenzusagen oder als unverschämt empfundenes Verhalten des Schuldners,
- das Gefühl, an der Nase herumgeführt zu werden.

In einer solchen Situation neigen Gläubiger dazu, Ohnmachtsgefühle zu entwickeln und den vermeintlich starken Arm des Gerichts zu suchen. Mit einiger Erfahrung empfinden sie diesen Arm dann nicht mehr als ganz so stark und schützend und sie lernen, die durch den inneren Frust angestaute Energie direkt auf den Schuldner zu leiten.

Für weiteren Schriftverkehr gibt es weder Zeit noch Anlass. Die emotionale Situation des Gläubigers will sich in der direkten Kommunikation mit dem Schuldner zeigen. Es ist so etwas wie „heiliger Zorn" entstanden, der die Kraft entwickeln kann, das bisher unmöglich Scheinende sofort durchzusetzen.

Für ein solches Gespräch bietet sich das Telefon auch deswegen an, weil die Möglichkeit zu eskalieren auf die Sprache begrenzt ist und man am Telefon zu zweit allein ist.

Prüfen Sie, wann Sie solche Gespräche optimalerweise führen. Manche Menschen müssen sofort handeln, sonst löst sich die hohe Energiedichte und die darauf basierende Entschlossenheit alsbald wieder auf. Andere Menschen sind in einem solchen Moment so aufbrausend, dass sie ihre Emotionen erst abkühlen, evtl. darüber schlafen, um dann zu telefonieren, wenn sie mit dieser Energie gut umgehen können.

Wichtig ist, dass Sie diese eigene Emotionslage erkennen und bereit sind, sie zu instrumentalisieren und zu lernen, wie man sie einsetzen kann. Haben Sie damit auch Erfolg, werden Sie auf dreifache Weise belohnt:

- Sie haben sich in der Sache durchgesetzt, die Zahlung kommt.

- Sie haben Dampf abgelassen, wofür Sie mit gesenktem Blutdruck belohnt werden und

- Sie lernen, in der Zukunft dieses Instrument früher, gezielter und vorsätzlicher einzusetzen.

Gesprächsablauf

Bleiben Sie in Fassung und behalten Sie die Fähigkeit zur Selbstbeobachtung. Gemeint ist damit nicht das Zurückdrängen oder Unterdrücken der Emotion. Geben Sie der Emotion bewusst Raum, indem Sie sich klarmachen, wo die Grenzen dieser Emotion sind. Gefragt ist nicht der Wunsch nach Selbstbeherrschung, der immer wieder unerfüllt bleibt, sondern das verständnisvolle Umgehen mit der Emotion.

Beispiel: Mit Emotionen umgehen

Sie empfinden, dass Sie „den Schuldner schütteln und ihn anschreien könnten". Sie wissen, dass Sie es nicht tun werden. Das gibt Ihnen den Raum, in dieser Energie zu bleiben und sie nicht unterdrücken zu müssen.

Bejahen Sie also die Emotion. Nehmen Sie an, dass Sie dafür „allen Grund haben". Stellen Sie sich vor, wie es Ihnen guttäte und wie Sie es ausführen würden.

Es ist das Gegenteil vom schnellen Wegschieben mit dem inneren Satz „ich könnte, ich würde aber nie tun, weg mit dem Gedanken".

Ein solcher Zustand wird dann als unangenehm empfunden, wenn die Emotion zu wenig Raum hat. Geben Sie dieser Emotion genügend Raum, innerhalb dieser gezogenen, sicheren Grenze. Dann kann diese hohe Energieladung angenehm sein.

Wenn Sie auf diese Weise Ihre Fassung erlangt haben, machen Sie diesen Raum so groß, dass Sie zusätzlich die Fähigkeit zur Selbstbeobachtung behalten und pflegen können.

Beispiel: Wut

Wer „außer sich ist", hat die Fassung verloren, ist der Emotion ausgeliefert und besitzt nur noch eine geringe Fähigkeit zur Selbstbeobachtung.

Wer „eine stille Wut im Bauch hat" empfindet diese Wut als einen Teil, keineswegs als das Ganze, kann sie vielleicht ein wenig ausdehnen und ihr Raum verschaffen, um damit zu arbeiten.

Es geht um nicht weniger als darum, zu lernen, mit hoher Emotionalität präzise handlungsfähig zu sein.

Wenn Sie dann telefonieren

Lernen Sie, dass Ihre Stimmung sofort bei der anderen Seite ankommt. Lernen Sie, dass Sie schon Ihren eigenen Namen auf eine so veränderte Art und Weise ausdrücken, dass danach der Stimmungsrahmen für das Telefonat gesetzt ist.

Halten Sie sich an den roten Faden und spielen Sie frühzeitig den Ball ab. Wer das Bedürfnis nach einem Rede- oder gar Vorwurfsschwall bei sich entdeckt, der telefoniert zu früh. Machen Sie in ein oder zwei Sätzen, also kurz und bündig klar, worum es Ihnen geht.

Beispiel: Kurz und bündig

- „Herr Müller, jetzt ist fertig mit lustig!"
- „Frau Maier, bis hierher und nicht weiter, keinen Millimeter!"
- „Frau Schulze, jetzt oder nie, jetzt telefonieren wir zum letzten Mal miteinander!"

Drohen ist nicht notwendig. Es ist die eigene, klare Entschlossenheit zu allem was notwendig ist, die bewegt. Das wirkt mehr, direkter und persönlicher als eine Drohung etwa mit dem Gericht.

Wenn Sie den Ball abgespielt haben, steht der Kunde vor einer Weiche und muss sich entscheiden. Hält er dagegen, wird die Situation möglicherweise für ihn unkontrollierbar. Die meisten Menschen reagieren deshalb defensiv.

Reagiert der Kunde aggressiv, steht sofort der Gläubiger vor der Entscheidung, ob er eins drauf sattelt oder besänftigt. Zeit zum Nachdenken hat er nicht. Die Entscheidung wird unverzüglich aus dem Bauch getroffen. Deswegen ist es wichtig, als Gläubiger zuvor seine Emotionen soweit abgekühlt zu haben, dass man sowohl offensiv wie defensiv agieren kann.

Kalkulieren Sie das Scheitern des Gesprächs von vornherein mit ein. Wenn der Kunde offensiv antwortet, bleibt oft nur festzustellen, dass auch dieses Gespräch keinen Sinn mehr hat und die gerichtliche Auseinandersetzung zwingend wird.

Besänftigt der Kunde, gilt es, den optimalen Druck aufrecht zu erhalten. Es ist hier wie beim Degenfechten: Weicht der Gegner zurück, bleibt man dran, um den Druck aufrechtzuerhalten. Hier und während des ganzen Gespräches geht es darum, aufs Gas oder auf die Bremse treten zu können.

Wohlgemerkt: Die eigenen Emotionen sind nicht gespielt, sie sind echt. Sie sind aber in der optimalen Gesprächssituation so abgeklungen, dass Platz für das Beobachten der Situation und das Einstellen auf jede Situation möglich ist.

Was nun folgt, haben wir in den vorherigen Kapiteln mit den Themen Konfrontierende Kommunikation, Drucktreppchen und Aushandeln von Teilzahlungen dargestellt.

Zum Abschluss

- Bauen Sie vor dem Gespräch einen emotionalen Kontakt mit dem Gegner auf, den Sie während des Gesprächs zu halten versuchen. Sehen Sie das Gespräch als einen dringend notwendigen Streit unter Partnern an. Kommen Sie weg von einem Feindbild und der inneren Abwertung des Gegners.

- Bewegen Sie sich schon vor dem Gespräch so vom kalten in den warmen Zorn, weil der die Türe leichter öffnet.

Seien Sie sich vor und während des Gespräches bewusst, dass Sie jederzeit fair oder unfair aus diesem Gespräch aussteigen können. Sie sollten das geübt haben. Nur das gibt Ihnen die innere Freiheit und Beweglichkeit im Gespräch.

12 Abgabe ins gerichtliche Inkasso

Wenn Ihr Mahnen erfolglos war, ist ein rascher Eskalationsschritt fällig. Entweder Sie gehen direkt ins gerichtliche Inkasso über oder Sie schalten noch für weitere vorgerichtliche Schritte ein Inkassobüro oder eine Anwaltskanzlei, davor.

Je klarer und engagierter Ihr eigenes Mahnen war, umso weniger vorgerichtlichen Erfolg werden diese Institutionen haben. Umgekehrt: Wer mit nur mäßiger Qualität mahnt, tut gut daran, diese Profis frühzeitig einzuschalten. Schließlich bezahlt der Schuldner die zusätzlichen Kosten (wenn er kann).

Die betriebswirtschaftlich naheliegende Idee, dann doch besser gleich outzusourcen, trägt aber nicht. Keine fremde Institution kann eine solche Argumentationsqualität und Nähe zum Kunden aufbauen wie Sie selbst. Auch wenn Sie outsourcen, können Sie auf den Aufbau eigener Kompetenz nicht verzichten. Sie sind sonst nicht in der Lage, die Qualität des Dienstleisters kritisch zu begleiten. Darauf käme es aber an.

Das Gleiche gilt auch für das gerichtliche Inkasso: Nur wenn Sie sich auskennen, können Sie Preise und Qualität von Dienstleistern beurteilen.

Je besser Sie das gerichtliche Inkasso und vor allem das nachfolgende Zwangsvollstreckungsverfahren kennen, umso mehr Argumente haben Sie bereits im vorgerichtlichen Bereich. Probieren Sie deswegen das gerichtliche Inkasso und die Zwangsvollstreckung aus. Sie haben bei allen Zwangsvollstreckungsschritten ein Anwesenheitsrecht. Selbst bei einer Vollstreckung anwesend zu sein, beeindruckt. Diese Erfahrung erhöht Ihren Nachdruck im vorgerichtlichen Inkasso deutlich.

Titulierung

Zwangsmaßnahmen durch den Staat dürfen erst beginnen, wenn durch ein Gericht, am besten rechtskräftig, festgestellt wurde, dass unsere Geldforderung berechtigt ist. Dafür gibt es zwei Wege.

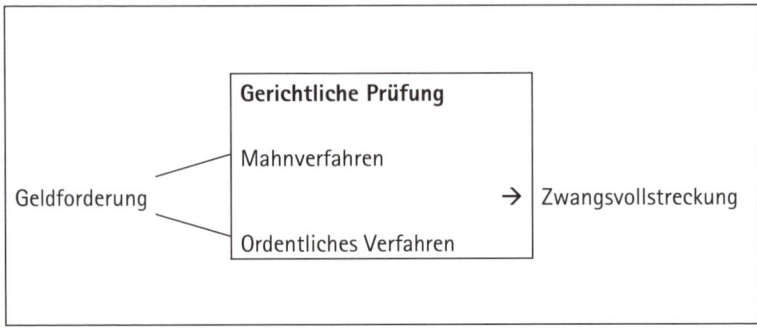

Das **Mahnverfahren** ist ein Schnellverfahren, das sofort endet, sobald sich der Schuldner zur Wehr setzt. Rechnen Sie also mit Gegenwehr, ist das Mahnverfahren ein zeitraubender Umweg von mehreren Wochen. Die meisten Bundesländer arbeiten mit zentralen Mahngerichten, mit denen elektronisch verkehrt werden kann. Zuständig ist das Amtsgericht am Wohnort des Antragstellers. Die Anträge müssen per Online-Formular eingereicht werden. Formulare mit einer ausführlichen Anleitung gibt es im Buchhandel.

Zentrale Mahngerichte		
Bundesland	**Zuständiges Mahngericht**	
Baden-Württemberg	Amtsgericht Stuttgart	70154 Stuttgart
Bayern	Amtsgericht Coburg	96441 Coburg
Berlin	Amtsgericht Wedding/ Amtsgericht Schöneberg	13343 Berlin
Bremen	Amtsgericht Bremen	28195 Bremen
Hamburg	Amtsgericht Hamburg-Mitte	20348 Hamburg
Hessen	Amtsgericht Hünfeld	36084 Hünfeld
Niedersachsen	Amtsgericht Hannover	30039 Hannover
Nordrhein-Westfalen (ZEMA I)	Amtsgericht Hagen	58081 Hagen
Nordrhein-Westfalen (ZEMA II)	Amtsgericht Euskirchen	53878 Euskirchen
Rheinland-Pfalz	Amtsgericht Mayen	56723 Mayen
Sachsen-Anhalt	Amtsgericht Aschersleben	39418 Staßfurt
Schleswig-Holstein	Amtsgericht Schleswig	24837 Schleswig

Bis 750 EUR Streitwert haben einige Bundesländer eine obligatorische Streitschlichtung vorgeschaltet, wenn die Parteien im selben, teilweise auch im benachbarten Landgerichtsbezirken wohnen.

Um die Gerichte zu entlasten, ist das Mahnverfahren auch besonders kostengünstig. Die Gerichtskosten betragen nur 1/6 der Kosten des ordentlichen Verfahrens. Wird nachträglich vom Mahnverfahren ins ordentliche Verfahren gewechselt, müssen 5/6 nachbezahlt werden.

Einen Mahnbescheidsantrag auszufüllen ist nicht ganz einfach. Sich damit auseinanderzusetzen lohnt, wenn ca. mehr als 10 Mahnbescheide pro Jahr anfallen. Anderenfalls lohnt die Abgabe an die Profis in Anwaltsbüros oder Inkassoinstituten.

Wehrt sich der Schuldner im Mahnverfahren nicht, wird nach dem Mahnbescheid ein Vollstreckungsbescheid erlassen. Setzt er sich zur Wehr, wird das Schnellverfahren auf Antrag zum ordentlichen Verfahren.

Das ordentliche Gerichtsverfahren ist das sonst bekannte Klageverfahren bei einem Zivilgericht mit Klageeinreichung, mündlicher Verhandlung und am Ende einem Urteil.

Vollstreckungsbescheid und Urteil sind sog. **Titel**, die quasi einen Personalausweis für die Forderung darstellen. In einem Titel können alle mit Vollstreckungen befasste Stellen in Deutschland zur Tätigkeit veranlasst werden.

Mögliche Maßnahmen in der Zwangsvollstreckung:

- Besuch des Gerichtsvollziehers mit der Pfändung und nachfolgenden Verwertung pfändbarer Sachen, sofern sie dem Schuldner gehören.

- Abgabe der sog. eidesstattlichen Versicherung, die der Gerichtsvollzieher abnimmt. Das ist ein Formular, in dem über ca. 30 Positionen mögliches Schuldnervermögen abgefragt wird. Der Schuldner muss es ausfüllen und eidesstattlich versichern, dass er vollständige und richtige Angaben gemacht hat. Eine falsche eidesstattliche Versicherung wurde ähnlich einem Meineid bestraft.

- Pfändungen durch das Vollstreckungsgericht (in der Regel Ihr örtliches Amtsgericht)

- Durch eine ~~Pfändungsverfügung~~ wird Ihnen z. B. eine Forderung aus Bankguthaben überwiesen. Sobald die Bank die Pfändungsverfügung in den Händen hält, können Sie das Geld abheben und auf Ihre Forderung verrechnen. Bankkonten wiederum muss der Schuldner in der eidesstattlichen Versicherung angeben. Häufig werden Lebensversicherungen, Arbeitslohn und Raten gepfändet. Wer Ideen hat und sich auskennt, pfändet aber auch Erbansprüche nach einem Todesfall oder Nebenkostenerstattungsansprüche bei einem Mieter etc.

- Daneben gibt es ein besonderes Verfahren für die ~~Vollstreckung in Grundstücke~~ einschließlich der Zwangsversteigerung.

Das klingt auf den ersten Blick nicht sehr kompliziert, ist es aber. Das deutsche Vollstreckungssystem arbeitet außerdem nach dem Windhundprinzip. Wer zuerst kommt, bedient sich, die anderen stehen an. Zwangsvollstreckung gehört deswegen immer in die Hände von Profis.

Gleichwohl falsch wäre es, sich auf die Profis dann ganz zu verlassen und ihnen freie Hand zu lassen. Inkassoinstitute rechnen frei vertraglich vereinbarte Entgelte ab. Bei den Anwälten gibt es zwar eine Gebührenordnung. Sie steigen aber häufig auf die Konditionen der Inkassoinstitute ein. Bisweilen wird ein Preiswettbewerb inszeniert, der der Qualität schadet. Lassen Sie sich dabei nicht von billigen Pauschalen blenden. Die Misserfolgsfalle liegt gleich nebenan verborgen. Kein Dienstleister hat etwas zu verschenken und übernimmt das Risiko, mit den Gebühren auszufallen nur, wenn er an anderer Stelle dafür entschädigt wird.

Wer in Forderungen nicht investiert, wird auch keine hohen Erfolgsquoten erzielen. Wichtiger als die Kostensituation ist regelmäßig wegen des Windhundprinzipes die Qualität der Durchführung der Zwangsvollstreckungsmaßnahmen. Je besser hier gearbeitet wird, umso höher wird die Erfolgsquote sein.

Tipp:
Erfolgsquote schlägt regelmäßig Kostenrisiko ab 2.000 EUR Forderungswert. Rechnen Sie darauf Billigangebote durch.

Die einfachste Qualitätsprüfung besteht darin, sich nach Abschluss der Vollstreckung die Akten vorlegen zu lassen. Anhand der Daten können Sie auf einfache Weise prüfen, ob zügig gearbeitet wurde, ob Ideen vorhanden sind und der persönliche Kontakt zum Schuldner gesucht wurde. Arbeiten Sie zu Anfang mit zwei Partnern, die zur Erhöhung des Konkurrenzdruckes voneinander wissen. Vergleichen Sie dann die Ergebnisse und die Vorgehensweise und entscheiden Sie sich für den besseren. Wiederholen Sie dieses Verfahren nach einer gewissen Zeit.

13 Auslandinkasso

Die allgemeine Erfahrung „andere Länder, andere Sitten" gilt auch im Inkasso.

Das deutsche System ist geprägt durch eine ausdifferenzierte staatliche Hilfeleistung bei Titulierung und Zwangsvollstreckung. Die Situation ist in den Niederlanden und in Österreich vergleichbar.

Wenn in Deutschland aber die Zwangsvollstreckung schnell und effizient betrieben werden kann und der Staat dafür seinen Arm leiht, verführt dies dazu, sich darauf zu verlassen. Diese Tendenz wird unterstützt von der international keineswegs üblichen 100 %igen Kostenabwälzung auf den Schuldner.

Im Umkehrschluss: In Deutschland gibt es keine große Notwendigkeit, sich im vorgerichtlichen Bereich besonders zu bemühen. Persönliche Kommunikation mit Schuldnern wird als etwas Neues und oft Revolutionäres empfunden.

Anders schon im uns umgebenden Europa: Dort ist die Justizgläubigkeit, oft aus gutem Grund, bei Weitem nicht so ausgeprägt. Die Tendenz, sich auf den Staat zu verlassen, ist also geringer. Regelmäßig wird vom Gläubiger mehr Engagement und direkte Kommunikation erwartet. Deshalb:

- bei Verzugssituationen sofort reagieren,

- bei der Argumentation weniger auf Rechtspositionen, mehr auf die Kundenbeziehung abstellen,

- persönlich kommunizieren, soweit dies über Sprachhürden hinweg möglich ist,

- lästig sein, zäh dranbleiben.

Tipp:
Grauenhaft radebrechendes Englisch, gepaart mit Emotionen, kommt besser als eine schriftliche Kommunikation, die dann u. U. sogar mit Zeitverzögerung stattfindet.

Informationen erhalten Sie auf einfache Weise über die deutschen Außenhandelskammern, deren Adressen Sie unter www.ahk-germany.de im Internet finden. Hilfreich sind auch die zahlreichen Veröffentlichungen der Bundesstelle für Außenhandelsinformation, zu finden unter www.bfai.com. Oft helfen die örtlichen IHKs, insbesondere die IHK-Gesellschaft zur Förderung der Außenwirtschaftsbeziehungen, die Sie unter www.ihk-gmbh.com finden. Zu empfehlen ist auch die Internetseite European Justice, die ausführlich über alle Praktiken in EU-Ländern informiert: e-justice.europa.eu

Stichwortverzeichnis

30-Tages-Frist 59, 60
Fristbeginn 60
Fristende 60

Aggressionen 213
Aggressionstypen 216
Anrufbeantworter 184
Anwaltskosten 26
Aufmerksamkeit 193
Augenbewegungsmuster 130
Auslandinkasso 251
Ausreden der Schuldner, typische 75
Ausredendatei 75, 86
Ausredenkartei 86

Basiszinssatz 25
Beleidigungen 216
Bonitätsprüfungen 48

Columbo-Prinzip 202

Dauerredner 217
Drohungen 143, 145, 216
Drucktreppchen 224
eidesstattliche Versicherung 247

E-Mail 105
E-Mail, mahnen per 150

Emotionen 212
Erfolgsquoten, Mahnung 70, 71, 157
Eskalation 142, 145, 146
dreistufig 145
einstufig 146
zweistufig 146

Flachpflügen 207
Fragen
Columbo-Prinzip 202
entwickeln 207
geschlossene 205
hypothetische 207
offene 205
Fragengerüst 204
Fragetechnik 199
Fragetypen 205

gerichtliches Inkasso 245
Gerichtsvollzieher 247
geschlossene Frage 205
Gläubiger
Erwartungshorizont 38

Headset 166
hypothetische Frage 207

Inboundtelefonat 160

Inkasso 47
  Auslands- 251
  gerichtliches 245
  kundenschonend 102
  Modelle zur Zusammenarbeit
    56
  Zusammenarbeit im
    Unternehmen 53
Inkassokosten 26

Kalender 166
Konfrontation 213
Krisenindikatoren 50
Kundenerwartung 114

Mahnabläufe 65
Mahnargumente 91
Mahnbescheid 247
Mahnbescheidsantrag 247
Mahnfächer 139, 141
Mahngebühren 26, 143, 144
Mahngerichte 246
Mahnintensivierung 68
Mahnknigge 118
Mahnkonferenzen 51
  Leitfaden 53
Mahnmix 67
Mahnrhythmus 62
Mahnschreiben 105, 108
  Augenbewegungsmuster 130
  Betreff 110
  Einsatz von Bildern 132
  Farbeinsatz 133

Formalien 108
Gestaltungselemente 109
individuelles 118, 138
Layout 128
neuer Stil 113
Mahnschritte 66
Mahnstil 117, 121, 123, 124
Mahnstufen 142
Mahntelefonate 155, 158, 159
  Ablauf 177
  Aggressionen 213
  Aggressionstypen 216
  Anrufbeantworter 184
  Aufmerksamkeit lenken 193
  Aufwand 158
  Beleidigungen 216
  Dauerredner 217
  Drohungen 216
  Drucktreppchen 224
  Emotionen 212
  empfindlichen Punkt erfragen
    212
  Flachpflügen 207
  Fragen entwickeln 207
  Fragengerüst 204
  Fragetechnik 199
  Fragetypen 205
  Frustrationselemente 165
  Inbound 160
  informell vorbereiten 172
  Jammern 220
  Konfrontation 213
  Kontakt aufbauen 179

menatale Vorbereitung 176
Outbound 160
Phasen 178
roter Faden 177
Scheu vor 162
Schlagfertigkeit 229
Schreien 218
Schweigen 221
Skript 182
Sprechtraining 197
Stimme 196
Stressabbau 232
Teilzahlungen 233
Teilzahlungsverhandlungen 234
Telefonarbeitsplatz 165
Telefondreieck 181
Telefonvollstreckung 240
Tiefpflügen 208
Unterbrechungen 219
verhandeln 186
vorbereiten 168
Vorbereitung 172
Ziele festlegen 175
Zulässigkeitsgrenzen von Fragen
203
Mahntelefonateelefonate
Tonbandmitschnitt 191
Mahnung 13
Zeitpunkt 59
Mahnungen
Checkliste 21
Erfolg messen 69
Eskalation 142

juristischer Stil 105
kundenschonende 102
notwendige Anzahl 66
per E-Mail 150
per SMS 151
schriftlich 105
Mahnverfahren 246
Mehr-Ebenen-Kommunikation 171
Mithöreinrichtung 166
Monitoring 49

neue Rechtslage 11

offene Frage 205
Outboundtelefonat 160

Pfändung 247
Pfändungsverfügung 248

Rechercheaufgaben 50
Rechnung 22, 29, 62
Inhalt 29
Muster 34
prüffähig 29
Stil 33
wiederkehrende Leistungen 32
Zugang beweisen 22
Rechnungszugang 14
Reklamationen 20
roter Faden 177
als Blickfang 189
Fragen zu 192

Schadenersatz 24
Schallabschirmung 166
Schlagfertigkeit 229
Schreien 218
Schuldner 37
  Erwartungshorizont 38
  konfrontieren 222
  Selbstbild 40
Schuldner öffnen 199
Schuldneraggression 214
Schuldnertelefonate,
  Beweistauglichkeit 23
SMS 105, 151
SMS, mahnen per 151
Sprechtraining 197
Sprechweise 196
Standardmahnschreiben 138
Stimme 196
Stressabbau 232

Teilzahlungen 233
Teilzahlungsvereinbarung 238
Teilzahlungsverhandlungen 234
Telefon 155
Telefonarbeitsplatz 165
  Ausstattung 165
  Headset 166
  Kalender 166
  Mithöreinrichtung 166

Schallabschirmung 166
Sollausstattung 166
  technische Ausstattung 239
Telefondreieck 181
telefonisch mahnen 155
Telefonvollstreckung 240
Tiefpflügen 208
Titulierung 245
Tonbandmitschnitt
  Telefonat 191

Verhandlung 186
Verwertung 247
Verzug 11, 12, 20
  bei Zahlungsverweigerung 21
  trotz Reklamation 20
Vollstreckungsgericht 247

Zahlungserinnerung 13
Zahlungskonditionen 18
Zahlungstermin 59
Zinsen 24, 144
  Forderung von 143
Zinssatz 24
  Basiszinssatz 25
  gesetzlicher 24
Zulässigkeitsgrenzen 203
Zwangsversteigerung 248
Zwangsvollstreckung 247, 248